U0171230

# 丛书编委会

主　　编：顾逸东

副主编：侯中喜　姜鲁华　徐忠新

编　　委：宁　辉　段登平　陆伟宁　刘　毅

　　　　　杨希祥　杨宇明　谭惠峰　朱立宏

　　　　　宋笔锋　王勋年

临近空间低速飞行器系统与技术丛书

# 平流层飞艇系统术语手册

## Terminology of Stratospheric Airship System

侯中喜　杨希祥　邓小龙　麻震宇　朱炳杰　编著

科学出版社

北　京

# 内 容 简 介

平流层飞艇是工作在 20km 高度附近的新型浮空平台,具有驻空时间久、覆盖范围广、空间分辨率高、可重复使用等优点,是当前国内外竞相发展的一种低速临近空间飞行器。本书详细描述了平流层飞艇系统术语定义,涵盖平流层飞艇平台总体、结构、能源、推进、飞控、测控、气动以及临近空间环境、地面保障系统、任务载荷等方面,适用于平流层飞艇论证、设计、制造、测试、试验、使用与维护等。

本书可供从事平流层飞艇设计、试验、管理和应用的研究人员和工程技术人员参考。

**图书在版编目(CIP)数据**

平流层飞艇系统术语手册/侯中喜等编著. —北京:科学出版社,2021.12
(临近空间低速飞行器系统与技术丛书)
ISBN 978-7-03-070867-0

Ⅰ.①平… Ⅱ.①侯… Ⅲ.①平流层-飞艇-术语-手册 Ⅳ.①V274-61

中国版本图书馆 CIP 数据核字(2021) 第 265361 号

责任编辑:刘信力 田轶静/责任校对:杨聪敏
责任印制:吴兆东/封面设计:无极书装

科学出版社 出版
北京东黄城根北街 16 号
邮政编码:100717
http://www.sciencep.com
北京建宏印刷有限公司 印刷
科学出版社发行 各地新华书店经销
*
2021 年 12 月第 一 版 开本:720×1000 1/16
2021 年 12 月第一次印刷 印张:12
字数:221 000
**定价:98.00 元**
(如有印装质量问题,我社负责调换)

# 作 者 简 介

侯中喜，国防科技大学教授、博士生导师，空天科学学院副院长。教育部空天工程技术中心委员，湖南飞艇工程研究中心副主任，厦门智能空天飞行器研究中心主任。主要从事先进飞行器系统与智能集群技术的创新研究工作，负责国家自然科学基金、863 计划、国家重大专项等重点课题 30 余项。获军队教学成果二等奖 1 项，获军队和省部级科技成果奖二等奖 2 项，发表学术论文 90 余篇，出版教材和专著 5 部，授权专利 50 余项。

杨希祥，国防科技大学教授，博士，硕士生导师。湖南省一流本科课程负责人，中国航空学会浮空器分会委员，《空天技术》期刊青年编委。长期从事临近空间低速飞行器总体设计、动力学与控制等方向的研究，发表 SCI 和 EI 检索论文 70 余篇，1 篇论文进入 ESI 前 1‰，1 篇论文入选中国精品科技期刊顶尖学术论文，出版著作 5 部，获省部级教学科研奖 2 项，荣立三等功 1 次。

邓小龙，国防科技大学博士。长期从事临近空间低速飞行器总体设计、试验评估、军事应用等方向的教学和研究。主持和参与国家自然科学基金、863 计划、国家重大专项、装备综合研究等国家级项目 10 余项。在国内外核心期刊和国际会议上发表论文 40 余篇，出版专著 3 部。

麻震宇，国防科技大学副研究员，航空宇航科学与技术专业博士，力学专业博士后。长期从事临近空间低速飞行器总体设计和多物理场耦合技术研究。主持和参与国家重大专项、国家自然科学基金项目、科技委前沿科技创新特区项目、国家博士后基金项目等国家级项目 10 余项。获军队科技进步三等奖 1 项，指导学生获中国研究生飞行器设计大赛二等奖、三等奖共 3 项。在国内外核心期刊和国际会议上发表论文 20 余篇，出版学术专著 3 部。

朱炳杰，国防科技大学博士。长期从事临近空间低速飞行器总体设计、飞行器能源系统设计等方向的研究。主持和参与国家重大专项、国家自然科学基金、863 计划、军委科技委前沿科技创新特区等国家级项目 10 余项。在国内外核心期刊和国际会议上发表论文 30 余篇，出版专著 4 部。

# 丛 书 序

临近空间 (Near Space) 主要指高于一般航空器的飞行高度,而又低于一般航天器轨道高度的空间区域,其高度和自然环境特殊,与传统航空航天范畴存在较大差异,是人类科学技术和空间利用认知水平达到一定程度的产物。

临近空间概念自 2003 年就陆续在多篇学术文章中出现,但较为系统完整的阐述是在 2005 年 1 月美国一篇《临近空间——空间效果赋能器》的研究论文中,当时研究主要围绕利用 20km 附近存在较为稳定的低速风带特征,关注可能实现年量级区域保持能力的临近空间低速飞行器,期望未来可实现较大区域覆盖能力的信息保障能力,高空太阳能飞机和平流层飞艇是两个重点发展方向,其高价值应用能力也被形象地称为 "平流层卫星"。

世界各国高度关注临近空间的未来应用期望和战略地位,积极布局和开展临近空间与临近空间飞行器研究。但由于该区域大气密度较低,如按照国际标准大气数据,20km 高度大气密度约为海平面的 1/14,50km 约为万分之八,这使得飞机因无法获得足够的气动升力而难以抵达。而有大气就有大气的阻力,大气阻力的耗散作用又使卫星速度迅速衰减,进而导致陨落。长久以来,传统航空和航天领域设计师很难设计出适合临近空间环境可靠飞行的飞行器,成为人类有待开发和利用的新领域。

自 2004 年,我国就系统地开展了临近空间的体系布局和技术攻关研究,还曾经在名称上翻译为 "近空间" 还是 "临近空间" 进行了争论,也曾就区域上限和下限的具体数值定义进行了多轮争论。特别是在临近空间概念界定之初，我国科学家就将高超声速飞行器纳入其中，将临近空间典型飞行器拓展为低速和高速两大类，而美国在 2006 年后才逐步有了这些认识。上述工作都反映了我国临近空间领域研究的活跃性，也反映了我国一批科研工作者活跃在该领域研究和发展的前沿。

时间上我国临近空间研究与世界各国站在同一起跑线上，且经过多年攻关研究，取得了较为系统全面的发展，形成了一些有我国特色需求的技术路线，掌握了一批核心关键技术，部分方向已经走在了世界的前列。但与美国相比，仍存在工业基础和基础研究薄弱、技术攻关和创新能力欠缺、集成测试和试验验证能力不足等问题，这对我国抢占临近空间新型战略空间，形成新型应用能力，推动国民经济和社会发展产生严重影响。

由于临近空间系统研究的时间较短，到目前为止世界范围内还没有形成完整独立的研究体系，也较少有应用成熟的产品，这给我国在该领域实现突破性发展，引领世界创造了新机遇。临近空间利用也带来了新挑战，给我国基础科学研究带来了创新前沿牵引，对空天领域多学科交叉发展有着巨大的推动作用，对催生新的技术和产业链提供了新契机，对促进国民经济发展和军事应用带来了更为广阔的空间。

要实现临近空间在世界范围内的领先地位，人才培养和知识积累是重要的基础和保障。当前我国独立从事临近空间领域研究的人员较少，多为原航空、航天范畴科研人员转改，技术基础薄弱，系统培训不足；加之，临近空间还未形成独立的学科专业，新一代人才培养模式没有与临近空间快速发展的形势相匹配，缺乏专门的临近空间体系化基础书籍已成为制约人才培养的核心因素之一。

科学出版社审时度势规划建设"临近空间低速飞行器系统与技术丛书"，期望将我国在临近空间领域最新研究成果及时总结，做好知识积累的体系谋划和人才培养推动的基础支撑。本丛书重点关注临近空间低速飞行器的设计、研发、测试、试验、使用、维护等环节的关键技术，着重讲述相关基础科学和重难点问题，计划为临近空间领域低速部分的科研工作者提供较为系统完整的基础知识参考，为后续有计划开展临近空间研究的高年级本科生和研究生提供教材或辅导书。

本丛书围绕临近空间低速飞行器的总体设计、材料与结构、再生循环能源、动力与推进、动力学与控制、环境适应性与环控、试验场与测控、临近空间环境等方向规划丛书建设，并且结合快速发展的技术及时更新，初步计划用 5 年的时间完成第一批丛书的建设，填补世界范围内没有专门临近空间系列丛书的空白，树立中国在该领域基础知识传播的文化自信，计划再用 5 年的时间完成丛书的体系优化和改版，形成较为完善的临近空间低速方向的研究基础丛书。该丛书的出版，特别是系列中文书籍的出版，功在当代，利在千秋，将更有利于我国科技工作者和学生的快速成长，可为我国临近空间领域的开发和利用奠定坚实的基础。

本丛书的组织工作得到了国家重大专项管理部门的大力支持，得到了国内该领域优势单位的积极响应，得到了一批高水平专家学者的鼓励和参与，在此一并表示衷心的感谢！

丛书编委会成员主要是按照丛书重点专业方向，由国内该方向资深专家学者构成，后续也期待有越来越多的专家投入丛书编写和编审工作，进一步提升丛书的广度和深度，推动我国临近空间领域工作形成体系，实现国际一流的发展目标，为建设世界一流国家做贡献。

2019 年 7 月

# 前　　言

平流层飞艇是工作在临近空间平流层的新型浮空平台，利用浮升气体提供浮力，采用太阳电池和储能电池组成可循环再生的能源系统，可携带数百千克克甚至数吨有效载荷，在军事和民用方面都具有广泛的应用前景。当前，国内外对平流层飞艇的研制仍然处于技术攻关和试验验证阶段，还没有转化成实际的装备。

平流层飞艇是一个全新的研究领域，涉及分系统众多，各领域术语定义与现有航空、航天中定义有较大差别，且不同研究单位对术语的定义也有差异，严重制约了平流层飞艇领域的交流与发展。本书通过统一业内对相关术语的定义，规范了平流层飞艇平台总体、结构、能源、推进、飞控、环控、气动以及临近空间环境、地面保障系统、任务载荷等相关概念，对推动平流层飞艇技术领域交流及规范化建设具有重要意义。

全书由侯中喜、杨希祥统稿。平台总体、气动部分由侯中喜负责编写；推进、飞控部分由杨希祥负责编写；结构部分由麻震宇负责编写；环境、地面保障和载荷部分由邓小龙负责编写；能源、测控部分由朱炳杰负责编写。

本书的编写和出版得到了高分辨率对地观测系统重大专项和国家自然科学基金的资助，在此表示衷心感谢！中国科学院国家空间科学中心、长春应用化学研究所、大气物理研究所、空天信息创新研究院、大连化学物理研究所，中国航天科技集团有限公司第五研究院、第八研究院 811 所、第十一研究院，中国航天科工集团第六研究院 46 所，中国航空工业第六〇五研究所，中国电子科技集团公司第十八研究所、第二十七研究所、第三十八研究所，北京航空航天大学，上海交通大学，哈尔滨工业大学，西北工业大学，江苏大学，国防科技大学气象海洋学院，军事科学院防化研究院等单位在本书编写过程中提供了大量参考资料，提出了宝贵建议，在此表示衷心的感谢！感谢科学出版社刘信力编辑为本书出版付出的辛勤劳动。由于书稿涉及内容众多，遗漏之处敬请谅解。

限于作者的学识水平，书中难免存在不妥之处，恳请读者批评指正。

作　者

2021 年 7 月于长沙

# 目　　录

# 第 1 章　临近空间环境

## 1.1　环境基本结构

**1. 大气层 (atmosphere)**

在地球引力作用下围绕地球的一个混合气体层。大气层中空气密度、温度、压强等参数都随高度变化。大气层总质量的 90% 集中在离地球表面 15km 高度范围内，总质量的 99.9% 集中在离地球表面 50km 高度范围内。大气层没有明显上限，其各状态参数沿铅垂方向变化很大，例如，空气压强和密度都随高度增加而降低，温度随高度变化有很大差异。

根据状态参数随高度变化的特点，大气层可划分为对流层、平流层、中间层、热层、散逸层。各层上界分别为对流层顶、平流层顶、中间层顶和热层顶，如图 1.1 所示 (散逸层指热层以上部分，图中未标)。

**2. 临近空间 (near space)**

一般指距地球表面 20～100km 高度之间的空间范围，它在常规航空器飞行高度之上，常规航天器轨道高度之下。临近空间包括大气层中平流层的大部分、中间层的全部和热层的一部分。

**3. 对流层 (troposphere)**

接近地面的、具有明显对流运动的大气层，从地面延伸到对流层顶。对流层厚度与纬度和季节有关，赤道地区 16～18km，两极 7～10km，中纬度 10～12km，一般冬季薄，夏季厚。对流层大气质量约占地球大气总质量的 80%。

对流层是天气发生变化的主要区域，主要气象特点为：气温随高度升高而降低；风向风速经常变化；垂直对流剧烈；有云、雨、雾、雪等天气现象；集中了大气中的大部分水汽。温度递减率平均为 6.5℃/km，随地域、季节和天气有较大差异，对流层顶气温在中纬度地区约 −52℃，在极地 (高纬度地区) 约 −45℃，在赤道地区 (低纬度地区) 约 −75℃。

平流层飞艇的上升、下降过程需要穿越对流层，对流层风场、温度、湿度、闪电等气象要素与天气过程对平流层飞艇的安全升降有重要影响。

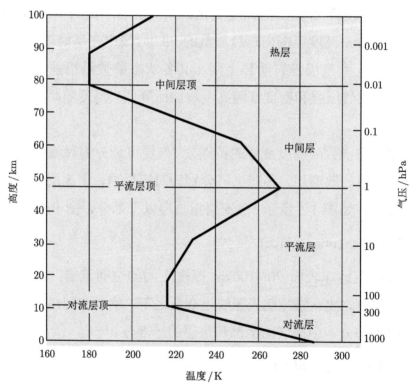

图 1.1　中纬度地区标准大气垂直结构

## 4. 对流层顶 (tropopause)

对流层与平流层之间的过渡层，其温度随高度近于不变或逆温。

对流层顶高度和温度随纬度和季节的不同而变化，且与大气活动有关，一般来说，赤道地区高度约 17km，两极附近约 9km。

### 5. 平流层 (stratosphere)

自对流层顶到距地面高度约 50km 之间的大气层。平流层大气以水平方向流动为主，没有强烈的对流运动，气流平稳，水汽、杂质极少，能见度好。

平流层臭氧 ($O_3$) 含量约占大气中总量的 90%。平流层气温受地面影响小，但在 30km 高度以上，臭氧层会大量吸收太阳紫外线而使气温升高。自对流层顶向上，温度随高度不变或微升，约 30km 高度后快速升高，到平流层顶可达 270~290K。由于高度较对流层高，平流层太阳辐射含有更多的短波紫外辐射。

由于水平气态成分混合比垂直混合快，平流层是一个放射性、动力学及化学过程都有强烈反应的区域，存在一些较特殊的现象，如发生于热带地区的准两年振荡 (quasi-biennial oscillation，QBO)，以及发生于高纬度地区冬春季的爆发性增温等。

平流层飞艇驻空阶段一般处于平流层底部，大气密度、温度、风场环境、臭氧分布、辐照等气象要素均对驻空性能有重要影响。

### 6. 平流层顶 (stratopause)

平流层与中间层的过渡层，在高度 50~55km 处，大气中的臭氧到此基本消失，温度梯度转变为随高度增高而减小。

### 7. 中间层 (mesosphere)

平流层以上、热层以下的大气层，高度范围 50~85km。中间层的热量主要来自平流层，且几乎没有臭氧吸收太阳紫外线，温度随高度增加而降低，至 80km 处降至 160~190K。

### 8. 热层 (thermosphere)

中间层顶界至高度约 800km 之间的大气层。热层空气密度很小，由于直接受太阳短波辐射，空气处于高度电离状态，温度随高度增加而升高。

### 9. 散逸层 (exosphere)

热层顶界以上的大气区域，是地球大气最外层。散逸层空气极其稀薄，由于受地球引力弱，大气分子不断向星际空间逃逸。

### 10. 准零风层 (quasi-zero wind layer)

一般是指平流层下层 20km 高度附近上下层纬向风风向相反，南北风分量很小的大气层。具体来说，准零风层内，下层的西风折转为上层的东风，纬向风风速较小，南北风分量也很小。准零风层是平流层飞行器的理想工作环境，非常有利于持久驻空、能源闭环、动力控制等实现。

平流层准零风层结构随经纬度、季节而变化。根据准零风层随纬度变化的特性，中国上空可分成三个区域：低纬地区 (5°N~20°N)，中低纬过渡区域 (20°N~32.5°N)、中高纬地区 (32.5°N~55°N)。

低纬地区一般在冬季和初春存在准零风层；中高纬地区一般在春末和夏季存在准零风层；中低纬过渡区域是否存在准零风层还与 QBO 有关，QBO 东风相位时，过渡区域特性偏向中纬区域，QBO 西风相位时，过渡区域特性偏向低纬特性。准零风层高度范围内 (17~25 km) 的其他纬度和季节虽不存在准零风层，但平均风速很小。

### 11. 大气边界层 (atmospheric boundary layer)

靠近地球表面、受地面摩擦阻力影响的大气层区域。大气流过地面时，地面上各种粗糙元会使大气流动受阻，摩擦阻力由于大气中的湍流而向上传递，随高度增加而逐渐减弱。大气边界层的厚度随气象条件、地形、地面粗糙度而变化，大致为自地面至距地表 1~1.5km 高度的范围。

大气边界层内，风速、温度、湿度等都有明显的、随高度减弱的日变化，风速随高度增加而逐渐增大，大气流动随机性大，基本都是湍流流动。

平流层飞艇在出库、转运、放飞、返场等阶段，受大气边界层环境影响严重。

**12. 臭氧层 (ozone layer)**

大气层中臭氧浓度较高的区域，一般指 20~50km 高度范围，其中，20~35km 区域臭氧浓度最大。不同地区臭氧层差异显著，赤道附近最厚，两极变薄。

臭氧能吸收掉大部分太阳紫外辐射，引起加热作用，影响大气温度层结和环流。臭氧分布随纬度和季节变化而不同，总量存在日变化，浓度随高度变化具有不连续或突变现象。

臭氧具有强氧化性，对平流层飞艇的囊体材料、太阳电池等部组件具有一定老化作用。

## 1.2 环境基本参数

**1. 大气稳定度 (atmospheric stability)**

在浮力作用下空气微团垂直方向运动的稳定性，以平均温度梯度或反映浮力做功的指标为判据。若位温随高度增加而递减，浮力做功增加空气微团的动能，上下运动能继续发展，称为静力学不稳定；若位温随高度增加而递增 (逆温)，空气微团反抗重力做功损耗动能，上下运动受到抑制，称为静力学稳定；当空气微团处于随意平衡状态时，称为中性稳定度。

**2. 风速 (wind speed)**

空气相对于地面某一固定点的运动速率，包括水平风速和垂直风速，一般不特指的情况下为前者，是指单位时间内空气相对于地面移动的水平距离。在气象上，风速的大小可用风的级别来表示，风的级别根据风对地面物体的影响程度而确定，目前一般按风力大小划分为十二个等级。

对于平流层飞艇而言，风速直接影响其飞行航迹、持久驻空能力和飞行控制能力。

**3. 风向 (wind direction)**

风的来向，可以用自由转动的风向标测定，用方位或角度表示，另加无风及无定向风两类。

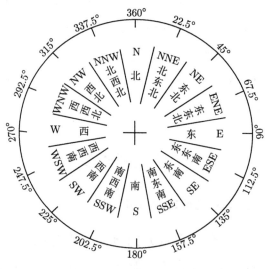

图 1.2　风向方位图

风向观测一般用 16 个方位来表示 (图 1.2)，包括东 (E)、南 (S)、西 (W)、北 ( N)、东南 (SE)、西南 (SW)、西北 (NW)、东北 (NE) 八个常用基本方位，另加北东北 (NNE)、东东北 (ENE)、东东南 (ESE)、

南东南 (SSE)、南西南 (SSW)、西西南 (WSW)、西西北 (WNW) 和北西北 (NNW) 八个方位。实际测风报告，经常用 0~360° 范围内的数字表示风向，0° 为北，90° 为东，180° 为南，270° 为西，依次类推。在天气预报中，有时用偏北风、偏南风等名称，表示风向围绕某个方位作小范围摆动。

**4. 气压高度 (pressure height)**

将大气压力转换为高度度量的物理量。

在标准大气状态下，设海平面为基准面，则气压与高度关系可表示为

$$h = \frac{T_o}{\gamma} \left[ 1 - \left( \frac{p_h}{p_o} \right)^{\gamma R} \right]$$

其中，$h$ 是相对于基准面的气压高度 (m)；$p_h$ 为该高度处气压 (Pa)；$p_o$ 为基准面处的气压 (Pa)；$T_o$ 为基准面处的温度 (K)；$\gamma$ 为温度递减率 (K/m)；$R$ 为气体常数。

**5. 标准等压面 (standard isobaric surface)**

为分析大范围乃至全球范围的大气状况而规定必须观测的等压面。

常用的标准等压面包括 1000hPa、850hPa、700hPa、500hPa、400hPa、300hPa、250hPa、200hPa、150hPa、100hPa、70hPa、50hPa、30hPa、20hPa 和 10hPa 等。高空气象站必须观测并编发这些等压面层的位势高度、温度、湿度和风等要素资料。

**6. 湿度 (humidity)**

空气的干湿程度，是表示空气中水汽含量和湿润程度的气象要素，常用绝对湿度、相对湿度、水汽压、比湿、混合比、饱和差及露点温度等物理量来表示。当大气湿度达到并略超过饱和值时，即可出现凝结或凝华现象，生长云雾粒子，并经各种云雨过程而生成相应的降水物。

　　绝对湿度是指一定体积的空气中含有的水蒸气质量，单位一般用 $g/m^3$，最大限度是饱和状态下的最高湿度。绝对湿度只有与温度一起才有意义，因为空气湿度随温度变化而变化，在不同的高度绝对湿度也不同。

　　绝对湿度的计算公式为

$$\rho_{\mathrm{w}} = \frac{e}{R_{\mathrm{w}}T} = \frac{m}{V}$$

其中，$e$ 为蒸汽压 (Pa)；$R_{\mathrm{w}}$ 为水的气体常数，取 461.52 J/(kg·K)；$T$ 为温度 (K)；$m$ 为空气中溶解的水的质量 (g)；$V$ 为空气体积 ($m^3$)。

　　相对湿度 (RH) 是绝对湿度与相同温度下最高湿度之间的比，表示水蒸气饱和度的高低。相对湿度为 100% 的空气是饱和空气，相对湿度是 50% 的空气含有达到同温度空气饱和点的一半水蒸气，相对湿度超过 100% 的空气中水蒸气一般会凝结。随着温度增高，空气中可以含的水就越多，也就是说，在同样多的水蒸气情况下，温度降低，相对湿度就会升高，温度升高，相对湿度就会降低。因此在提供相对湿度的同时必须提供温度的数据。通过相对湿度和温度可以计算出露点。

　　相对湿度的计算公式为

$$\varphi = \frac{\rho_{\mathrm{w}}}{\rho_{\mathrm{w,max}}} \times 100\% = \frac{e}{E} \times 100\% = \frac{s}{S} \times 100\%$$

其中，$\rho_{\mathrm{w}}$ 为绝对湿度 ($g/m^3$)；$\rho_{\mathrm{w,max}}$ 为最高湿度 ($g/m^3$)；$e$ 为蒸汽压 (Pa)；$E$ 为饱和蒸汽压 (Pa)；$s$ 为比湿 (g/kg)；$S$ 为最高比湿 (g/kg)。

**7. 臭氧浓度 (ozone concentration)**

　　空气中臭氧的含量，通常包括体积比表示法、重量表示法。

　　体积比表示法是指，一定体积空气中臭氧所占的体积百分数 (%)，通常以百万分之一 (ppm) 表示；重量表示法是指，每立方米空气中所

含臭氧的毫克数 (mg/m$^3$)。大气中臭氧浓度垂直分布及臭氧层的位置如图 1.3 所示。

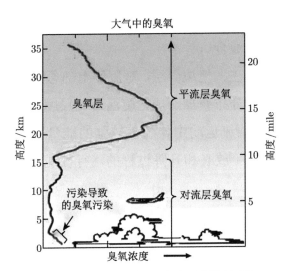

图 1.3　大气中臭氧浓度垂直分布及臭氧层的位置 (1mile=1.609km)

**8. 廓线 (profile)**

气象要素随高度变化的曲线，一般有风速廓线、风向廓线、温度廓线、湿度廓线等。

## 1.3　环境基本现象

**1. 大气对流 (atmospheric convection)**

大气中的空气团在热力或动力作用下的垂直运动。热力作用下的大气对流主要是指，在层结不稳定的大气中，空气团密度小于环境空气密度，它所受的浮力大于重力，形成上升运动；动力作用下的大气对流主要是指，在气流水平辐合或存在地形的条件下形成的上升运动。

通过大气对流，一方面可以产生大气低层与高层之间的热量、动量和水汽的交换，另一方面对流引起的水汽凝结可能产生降水。

## 2. 大气湍流 (atmospheric turbulence)

大气中一种不规则的随机运动。湍流中任意一点的物理量，如速度、温度、压力等均有快速的、一定幅度的起伏，并随时间和空间位置变化，各层流体间有强烈的混合。

大气湍流常出现在大气边界层、对流层上部急流区、对流云云体内，由各尺度的旋涡连续分布叠加而成，旋涡最大尺度可达数百米，最小尺度约为 1mm。大气湍流运动中伴随着较强的能量、动量、物质的传递和交换，对平流层飞艇放飞和升降过程的飞行性能、结构载荷、飞行安全影响很大。

## 3. 晴空湍流 (clear-air turbulence)

简称 CAT，由大气不规则流动引起，通常发生在不同速度、方向或温度的气流相遇之处，没有明显的天气现象伴随，雷达探测系统难以探测。航空中的晴空湍流通常是指出现在 6000m 以上高空，与对流无关的湍流。

晴空湍流出现的时候，有较强的风切变和较大的风速脉动，对平流层飞艇安全升空存在重要影响。

## 4. 风切变 (wind shear)

风向和风速在空中水平或垂直距离上变化，用两点的距离除以两点风速的矢量差来计量。风切变常分为水平风的水平切变、水平风的垂直切变、垂直风的水平切变。

产生风切变的原因主要有两大类，一是大气本身的运动变化，一是地理、环境因素，有时是两者综合而成。

能够产生有一定影响的低空风切变的天气背景主要有三类：① 强对流天气：特别强的下降气流称为微下冲气流，是对飞行危害最大的一种，是以垂直风为主要特征的综合风切变区；② 锋面天气：风切变多以水平风的水平和垂直切变为主，其危害程度不如强对流天气的风切变；③ 辐射逆温型的低空急流天气：风切变强度通常更小，容易被忽视。

风切变对于平流层飞艇的放飞和安全升空有重要影响。

**5. 东风急流 (easterly jet)**

在低纬东风带中，出现在北半球夏季，是亚洲和非洲热带对流层顶附近的一股强而窄的气流。东风急流从我国南海上空西伸，经印度到达非洲北部上空，急流轴线位于 100~150hPa，强风中心在阿拉伯海上空。东风急流风速平均值约为 35m/s，风向稳定，平均位置在 10°N~15°N，呈准静止状态。在东风急流的入口区 (大致 90°E 以东)，有经向正环流，在出口区 (大致 60°E 以西) 则有经向反环流。热带东风急流正是通过这些经向环流圈与对流层下部的西南季风相关联。

**6. 西风急流 (westerly jet)**

盛行西风带的对流层上层一股强而窄的气流，水平宽度几百千米，垂直厚度几千米，长约 10000km，自西向东围绕整个半球。

西风急流中心风速一般为 50~80m/s，有时可达 100~150m/s，东亚海上和日本上空的西风急流最强，冬季曾达到 150~200m/s。西风急流两侧的风速水平切变最强可达 0.2~0.4m/(s·km)；急流上下的风速垂直切变最强可达 10m/(s·km)。西风急流轴位置和中心强度随季节而异。北半球冬季，平均约在 27°N 的 200hPa 附近；夏季则在 42°N 的 200~300hPa 附近。

和极锋相联系的西风急流称为极锋急流或温带急流，其一般出现在对流层顶断裂处；在副热带对流层顶出现的西风急流称副热带急流。极锋急流与副热带急流常在日本南部上空汇合，在那里形成急流最强的地带。在冬半球的极地，平流层 50~60km 附近出现的西风急流，称为极夜急流。

### 7. 低空急流 (low level jet)

对流层下部距离地面 1000～4000m 范围内的一支强风带。低空急流的中心风速一般大于 12m/s，最大可达 30m/s，急流长度不一，范围数百至数千千米。北半球的低空急流一般为偏南或西南气流，多出现在副热带高压的西侧或北侧边缘，有台风移近副热带高压的西南侧时，也可能出现东南向的低空急流。

### 8. 平流层闪电 (stratospheric lightning)

发生于平流层和中间层的一类大尺度快速大气放电现象，又称中高层大气瞬态发光事件 ( transient luminous event，TLE)，与对流层雷暴的电活动密切相关。

根据光辐射的形态特征和发生位置的不同，可将已发现的 TLE 归纳为四类：由电离层快速向下发展的红闪 (red sprite)，由雷暴云顶部向上发展的蓝色喷流 (blue jet)，由闪电激发的低电离层区域的圆环状放电 (ELVE)，由云顶向电离层快速向上发展的巨大喷流 (gigantic jet)。

### 9. 重力波 (gravity wave)

在具有一定层结 (空气密度或气温具有一定的铅直分布) 的大气中，空气在重力和铅直惯性力作用下，围绕某一平衡位置产生振荡现象，这种振荡向四周传播形成的波动。重力波属于横波，在大气中分为外波和内波两种。

重力外波发生于大气上下边界或理想自由面上，可以沿任一水平方向传播而强度不减。重力外波是一种快波，波速接近于 300m/s。重力外波产生的外在条件是边界层面上的垂直扰动，产生的内在条件是这种垂直扰动在重力作用下形成的水平气压梯度及伴有水平辐合辐散的交替变化。

重力内波是指在稳定层结中，垂直扰动浮力振荡的传播，传播速度通常在几十米/秒,属于中速波型。重力内波的形成条件是,在稳定层结中的垂直扰动及伴有的水平辐合辐散。

重力波对大尺度天气系统的发展没有什么影响,但对中、小尺度天气系统的演变具有一定作用,并在中层大气中起着重要的动力作用。

## 10. 辐射 (radiation)

辐射源发射的电磁波通过空间或某种介质进行传播,传送能量的过程,主要指太阳辐射 (也称短波辐射) 与来自地面和大气层的长波辐射。

太阳辐射来自太阳,波长为 $0.15\sim4\mu m$。到达地球表面的太阳辐射,除受到太阳常数和日地距离等天文因子影响外,还受太阳高度角、大气透明度、云、地形、大气气溶胶、纬度、水汽等影响,因此地球表面及平流层高度处的太阳辐射强度与时间、纬度有关。平流层飞艇通过安装的太阳能电池阵,将太阳辐射转换成电能,同时,太阳辐射是平流层飞艇驻空阶段的重要热源,对飞艇热特性有重要影响。

长波辐射来自地面或大气,波长为 $4\sim120\mu m$,受地形、云层等因素影响。长波辐射也是飞艇驻空阶段的重要热源,对飞艇的热特性有重要影响。

## 11. 极涡 (polar vortex)

极地涡旋的简称,指绕南极或北极的中上层大气 (对流层和平流层) 的持续性大尺度气旋性环流,其活动和变化控制着泛极地半永久性活动中心和副极地短时间尺度的气旋活动。

北极极涡经常不在北极中心,而偏向北美或欧亚大陆,主要是由北半球海陆分布不均匀导致的。南极由于海陆分布比较均匀,极涡中心位置比较稳定,几乎无偏心。极涡的强弱及其位置变化对中高纬度地区天气有很大影响,直接关系到极地大气、海洋、海冰和生态环境,影响低层大气环流。极涡强度有明显的季节变化,冬季强于夏季,并向低纬度扩张, 夏季向极地收缩。

极涡为开展环极地大尺度平流层飞行提供了有利的风场条件。

**12. 准两年振荡 (quasi-biennial oscillation, QBO)**

赤道平流层低层存在的东西风交替的一种准周期变化现象。图 1.4 为赤道纬向风准两年振荡。长期观测表明,准两年振荡振幅为 20~30m/s, 且东风强度大于西风, 振荡周期在 22~34 个月之间, 呈现一定程度的不规则变化, 平均振荡周期约为 27 个月。准两年振荡在高层出现后, 以 1 千米/月的速度向下传播, 20km 以下振幅迅速衰减。

准两年振荡是长周期的垂直传播赤道波动与纬向风相互作用的结果。许多观测资料显示, 准两年振荡不仅存在于平流层风场, 对流层的许多气象要素、赤道海面温度等也呈现出准两年振荡的特征。准两年振荡导致了次级环流的发生, 对于全球性平流层输送, 如臭氧、水蒸气等尤为重要。

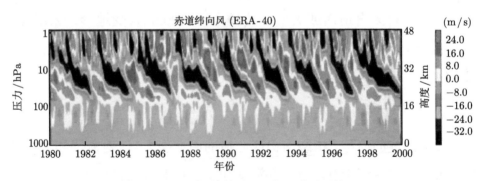

图 1.4　赤道纬向风准两年振荡

## 1.4　技　术　方　法

**1. 数值天气预报 (numerical weather prediction, NWP)**

在给定初始条件和边界条件的情况下, 借助高性能计算机, 数值求解大气运动基本方程组, 得到未来时刻气象要素空间分布的一种客观定量的天气预报方法。

数值天气预报的研究对象是天气演变过程,大气运动基本方程组由运动方程、连续方程、热力学方程、状态方程和水汽方程等组成,遵循牛顿第二定律、质量守恒定律、热力学能量守恒定律、气体试验定律和水汽守恒定律等物理定律。

数值天气预报主要研究内容包括:资料同化方法、数值预报模式、预报结果后处理。数值预报模式包括方程式、数值解法、初始条件、边界条件和各种参数化方案等,是主要部分之一,模式只是实际大气的某种近似,因此预报存在误差。为提高数值预报准确率,需要不断改进观测方法和模式。

**2. 资料同化 (data assimilation)**

根据一定的优化标准和方法,将不同空间、不同时间、采用不同观测手段获得的观测数据与数学模型有机结合,纳入统一的分析与预报系统,建立模型与数据相互协调的优化关系,使分析结果的误差达到最小。也可以定义为,在给出大气观测资料和先验信息的情况下,同时考虑观测误差和先验信息误差,通过一定的手段获得大气状态的最佳表示。

资料同化包含两层基本含义:

(1) 如何合理地利用各种精度不同的非常规观测资料,将其与常规观测资料融合为一个有机整体,为数值天气预报提供一个好的初始场。

(2) 如何综合利用不同时次的观测资料,将这些资料中所包含的时间演变信息转化为要素场的空间分布状况。

根据各种观测资料获得模式初始场是进行有效数值天气预报的第一步,而资料同化是一种提供准确、合理初始场的最有效方法。资料同化系统通常分为观测资料预处理 (整理、加工、规格化以便于应用)、质量控制 (观测质量监测及取舍)、分析和初值化。

国际上将资料同化方法分为两类：一类是基于统计估计理论，如多项式插值方法、Cressman 逐步订正方法、最优插值 (OI) 方法、卡尔曼滤波 (KF) 方法、扩展卡尔曼滤波 (EKF) 方法、卡尔曼光滑 (KS) 方法、集合卡尔曼滤波 (EnKF) 方法等；另一类是基于变分方法，如三维变分同化 (3D-Var) 方法、四维变分同化 (4D-Var) 方法和弱约束四维变分方法等。图 1.5 是典型的资料同化方法的复杂性关系图。

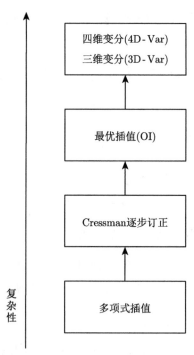

图 1.5   资料同化方法复杂性关系

**3. 数值天气预报模式 (numerical weather forecast model)**

数值预报时所用数学计算方案的整体，是实际大气的近似数学模型。表现为一组方程式及其数值解法，能根据气象要素场的初始状态和反映环境影响的边界条件，确定其未来状态。

按所用方程不同，可分为地转模式、平衡模式、原始方程模式等。按解法不同，可分为差分模式、谱模式等。按水平范围不同，可分为全球模式、有限区域模式等。模式的制定标志着气象学从定性描述阶段进入了用数学精确描述和进行试验的阶段。

**4. 数值预报后处理 (numerical forecast post processing)**

对数值模式预报计算的结果数据进行代码变换，格点精度换算处理，以形成按时间、要素场、规定垂直层顺序存放的历史文件。

以中期数值天气预报谱模式 T799L91 为例，其后处理可把预报结果转换为大气各种要素场和用户易于使用的标准格式，从而可进行诸如产品发布、资料归档等处理，且可为中期数值天气预报模式统计检验提供输入数据，为区域数值预报和专用预报提供侧边界和背景场。

**5. 统计预报 (statistical forecast)**

根据统计学原理，用概率论和数理统计方法所作的天气预报。

通过分析天气的历史资料，寻找大气状态的变化同前期气象因子的相关性，用回归方程和概率原理筛选预报因子，建立预报方程，将近期气象要素代入方程，得到所需的预报值。统计预报的效果主要取决于因子及其权重的选择。

**6. 集合预报 (ensemble forecast)**

用一些相关性不大的初值，考虑数值模式中许多物理过程的不确定性和随机性，得到一些预报值并进行统计分析的方法，是数值天气预报的一个重要发展方向。

集合预报通过一定的数学方法，结合天气学原理构造预报样本，把不同的预报样本进行集合，形成预报结果，一定程度上消除了非线性系统因为初值敏感而产生的误差。集合预报反映了大气的不确定性，是一种不确定性预报，可包含未来大气可能出现的所有状态。

### 7. 统计检验方法 (statistical test method)

对试验结果差异显著性测定的总称。

在数值天气预报领域，由于分析误差和模式自身的误差，一般不能将任何数值预报产品直接用于天气预报。针对位势高度、气温、湿度、风场等常规要素，数值预报业务中心一般执行统一的标准化检验方法，以客观分析资料为实况，对预报产品进行检验，检验的统计量包括平均误差、均方根误差、距平相关系数、倾向相关系数、技巧评分和误差标准差等。

在所采用的统计方法中，考虑到在等经纬网格中，纬度越高，格点分布越密集，该纬度上的格距越小，为了使区域评分计算更为合理，计算时先得到每个纬圈的评分值，然后用纬度权重 $\cos\varphi$ ($\varphi$ 为纬度) 对该区域的所有纬圈作加权平均。检验过程中，先逐日检验，再通过检验后处理程序读取逐日检验结果，进行月平均结果的计算及相应的结果输出。

### 8. 四维变分资料同化 (four-dimensional variational data assimilation)

将观测资料处理问题转化为以动力模式为约束的泛函极小化问题，目标是通过调整控制变量，使指定时间窗口内由控制变量得到的模式预报结果与实际观测资料和背景场之间的偏差达到最小。四维变分资料同化的基本思想如图 1.6 所示。

四维 (三维空间加时间) 变分资料同化能将不同时刻、不同地区、不同类型的大气观测资料 (包括最优插值客观分析很难应用的卫星、雷达等非常规观测资料) 作为一个整体，通过非线性模式解与不同时次观测资料集的全局调整，得到与预报模式相协调的最优分析场。四维变分资料同化方法已成为国际上资料同化的主流技术。

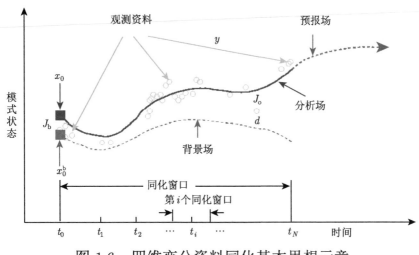

图 1.6 四维变分资料同化基本思想示意

## 9. 初始场 (initial field)

数值天气预报模式在初始时刻需要的分布于规则模式格点上的温度、压强、湿度和风场等三维大气要素场。

初始场作为初值条件，在时间维上向后积分计算，得到大气三维状态的演化轨迹。初始场一般由资料同化系统提供，其精度 (即与真实大气状态的接近程度) 对数值天气预报产品的准确性有很大影响。

## 10. 预报场 (forecast field)

数值天气预报模式以初始场为初值条件，在时间维进行积分得到的大气状态演变轨迹。预报场描述了未来大气状态，表现为一系列气象要素，如温度、气压、风场等空间分布状态。

在实际数值天气预报业务中，预报场为预报时效内，数值天气预报模式积分计算输出的各时次、各模式层上的预报变量数据集。预报场的分辨率与数值天气预报模式的分辨率相关。

**11. 分析场 (analysis field)**

资料同化系统根据最优统计方法, 将各种已知信息 (包括模式、背景场和观测资料及其误差信息) 融合在一起, 得到给定分辨率下的三维大气状态场, 一般提供给数值天气预报模式作为初始场。

**12. 背景场 (background field)**

在客观分析和资料同化时, 用实时观测资料进行更新的大气状态初始估计值分布。

背景场可以是气候平均值、以前所作的预报值、前 24 小时或 12 小时分析值等各种可利用信息的加权平均。在实际数值天气预报业务中, 一般以数值天气预报模式的短期 (6 小时或 12 小时, 与具体的资料同化方案相关) 预报场作为资料同化的背景场, 以弥补观测数据空白地区信息的不足。背景场包含了资料同化时刻以前的有效观测信息, 从而使分析结果更具连续性。

**13. 预报技巧水平 (forecast skill level)**

用来评价预报方法好坏的一种指标, 用技巧评分来衡量, 计算方法根据不同的预报质量评定办法而有所差异, 总的要求是, 将一段时期的预报结果与参考结果相比较, 参考结果可选取为随机预报结果、气候平均结果或分析值。

在世界气象组织的基本系统委员会标准统计检验中, 采用的技巧评分即 SI 评分, 按下列公式进行计算

$$\mathrm{SI} = 100 \times \frac{\sum (|F_x - A_{vx}|)(|F_y - A_{vy}|)}{\sum [\max(|F_x|, |A_{vx}|) + \max(|F_y|, |A_{vy}|)]}$$

其中, $\sum$ 表示对待计算区域中的所有离散点进行求和; $F_x = \dfrac{\partial F}{\partial X}$; $F_y = \dfrac{\partial F}{\partial Y}$; $A_{vx} = \dfrac{\partial A_v}{\partial X}$; $A_{vy} = \dfrac{\partial A_v}{\partial Y}$; $F$ 为预报值; $A_v$ 为分析值。

SI 评分主要反映待评价场的梯度预报精度，其变化范围为 0~100，低评分好于高评分。当预报和观测梯度相同时得到最精确的评分 0。

### 14. 预报时效 (forecast period validity)

数值天气预报的有效期限。在天气预报业务中，根据预报时效的长短分类：0~2 小时的预报称为临近预报；0~12 小时的预报称为短时预报；3 天以内的预报称为短期预报；4~10 天的预报称为中期预报；10 天以上、月、季、年的预报称为长期预报；一年以上的预报称为超长期预报。时效较短的预报，对预报结果的要求比较细致、具体，时效较长的预报，一般仅要求预报出气象变化的总趋势。

在实际数值天气预报中，以预报对象 (某种气象要素) 的气候方差为允许误差标准，从而确定有效预报时效。例如，采用世界气象组织基本系统委员会推荐的数值预报产品标准化检验方法，对北半球 500hPa 位势高度场作检验，其误差标准是，北半球 500hPa 位势高度场对分析场的逐日距平相关系数月平均值为 0.6，预报水平高于这个标准的天数，称之为可用预报时效或者可用预报天数。

### 15. 模式分辨率 (model resolution)

数值天气预报模式所能描写的最小天气系统的空间尺度 (空间分辨率) 和时间尺度 (时间分辨率)，是模式精确程度的重要标志。

由于天气系统的时间尺度依赖于空间尺度，一般所说的模式分辨率指空间分辨率，其又分为水平方向分辨率和垂直方向分辨率。对于数值天气预报格点模式，水平方向分辨率由计算网格间距决定；对于数值天气预报谱模式，水平方向分辨率取决于截取的最大波数。数值天气预报模式的垂直方向分辨率由垂直层数和模式顶高度决定，并与垂直坐标相关。

以中期数值天气预报谱模式 T799L91 为例，其基本预报变量在球

面上采用球谐函数展开，谱截断方式为三角形截断，最大截断波数为
799；对应空间的格点分布采用线性精简高斯格点方案，在赤道纬圈格
点数为 1600，水平格距约为 25km，即水平方向分辨率为 25km。垂直
方向采用有限元离散方案，模式分层为 91 层 (对流层 51 层，平流层
31 层，中间层 9 层)，模式层顶高度约为 80km(0.01hPa)。时间积分
采用半隐式半拉格朗日方案，时间积分步长为 720s，即时间分辨率为
720s。

图 1.7(a) 为线性精简高斯格点方案示意图，(b) 为 T799L91 垂直分
层示意图。

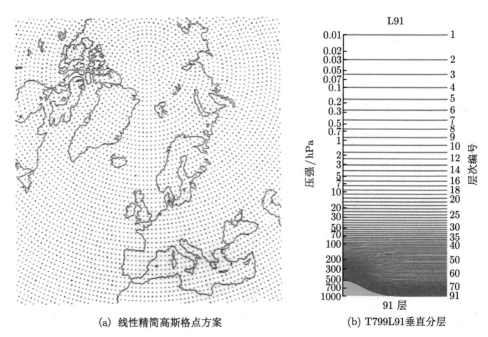

(a) 线性精简高斯格点方案                    (b) T799L91 垂直分层

图 1.7   中期数值天气预报谱模式 T799L91 空间分辨率示意图

### 16. 预报准确率 (forecast accuracy)

表示天气预报准确程度的一个数值。表示预报准确率的方法很多，
一般以同一类预报的准确次数 ($A$) 与发布预报的总次数 ($B$) 及漏报次

数 $(C)$ 之和的百分比表示，即

$$预报准确率 = \frac{A}{B+C} \times 100\%$$

通常预报与实况的差异越小，准确率越高；报对的次数越多，空报或漏报的次数越少，准确率越高；预报成功次数越多，超过气候、随机或持续性预报可望成功的次数越多，预报技术得分越高。

## 1.5 环 境 探 测

**1. 探空仪 (radiosonde)**

测量高空天气数据的仪器，一般指无线电探空仪，由探空气球、探空火箭等平台搭载升空，在上升、平飘或下降过程中，测量大气主要数据，运用无线电传输数据。

无线电探空仪经由无线电与地面的计算机通信。计算机实时存储传回的数据，测量数据包括：大气压力、高度、经纬度、温度、相对湿度和风速风向等，一些无线电探空仪同时测量大气臭氧浓度。

根据测量内容不同，探空仪有下列三种形式：

(1) 无线电测风：利用雷达或无线电定向仪，追踪气球携往上空的雷达目标 (感应器或探空发射器)，测算上空风向风速。

(2) 无线电探空观测：根据气球携带的探空仪所播发的无线电信号，测出高空的温度、相对湿度及气压，由此计算出各定压面层及各特性层高度。

(3) 无线电探空测风观测：测算空中气压、气温、相对湿度、风向与风速五项气象因子，一次完成无线电测风与无线电探空观测两项观测。

**2. 探空气球 (sounding balloon)**

把探空仪带到高空，以便进行温、压、湿、风等气象要素测量的气球，一般由天然橡胶或氯丁合成橡胶制成，有圆形、梨形等不同形状。

探空气球充入适量的氢或氦气，最大飞行高度为 30~40km，升速一般为 6~8m/s，上升到高空后自行爆裂。

**3. 探空火箭 (sounding rocket)**

一种携载测量高空各种地球物理参数仪器，在近地空间进行探测和科学试验的火箭。利用探空火箭可以在高度方向探测大气各层结构成分和参数，研究电离层、地磁场宇宙线、太阳紫外线和 X 射线、陨尘等多种日-地物理现象。探空火箭比探空气球飞得高，比低轨人造地球卫星飞得低，是 30~200km 高空的有效探测工具。

**4. 天气雷达 (weather radar)**

也称测雨雷达或常规天气监视雷达，是能发射电磁波信号，并根据接收到的气象目标散射回波信息，推断和估计云、雨、风等气象要素时空分布状况的现代探测设备，是主要的气象雷达之一。

天气雷达主要用于探测伴有降水的天气系统位置、分布和移动，大多工作在波长为 3~10cm 的微波波段，对雨区的有效探测半径一般在 250~400km。

天气雷达通常由天线馈线分系统、伺服分系统、发射分系统、接收分系统、信号处理分系统、监控分系统、光纤通信分系统、数据处理及显示分系统、电源分系统等组成。

**5. 激光测风雷达 (wind lidar)**

利用激光对大气风场进行测量的遥感设备。激光测风雷达主要是通过检测大气成分 (分子、原子、气溶胶粒子等) 的运动对激光频率产生的多普勒频移来获得风速。

激光测风雷达基本工作原理为，以一定角度向天空发射激光，激光中的部分光子与大气成分作用后被散射回来，收集大气散射回来的光子，并检测光子的多普勒频移量，获得大气风速。

**6. 风廓线仪 (wind profiler)**

也称风廓线雷达,是利用大气湍流对电磁波的散射作用进行大气风场等物理量探测的遥感设备,主要用于探测晴空或有云天气条件下的三维风场。

风廓线仪通过发射不同方向的电磁波束,接收并处理电磁波束因大气垂直结构不均匀而返回的信息进行气象探测,利用多普勒效应能够探测其上空风向、风速和温度等气象要素随高度的变化情况,具有探测时空分辨率高、自动化程度高等优点。

风廓线仪增加无线电声学探测系统后,与微波辐射仪或全球定位系统气象参数探测 (GPS/MET) 水汽监测系统配合,可实现对大气风、温、湿等要素的连续遥感探测,是新一代的高空大气探测系统。

**7. 地面自动气象站 (ground automatic weather station)**

地面上能自动观测、发送或记录气象观测数据的仪器系统。观测项目通常为气压、气温、相对湿度 (或露点)、风向、风速、雨量等基本气象要素,经扩充后还可测量其他要素。按照提供资料的方式,可分为实时自动气象站和非实时自动气象站;按照与用户终端之间的联系方式,可分为有线遥测自动气象站和无线遥测自动气象站。

地面自动气象站通常由硬件和软件两部分组成。

硬件一般包括气象传感器、数据采集处理器、用户数据终端和外部设备等。气象传感器通常环绕气象支柱的四周安装,通过屏蔽电缆、光纤或无线电方式,连接到数据采集处理器;数据采集处理器从传感器采集数据,并将其转换成计算机可处理的数据,利用微处理器处理系统,根据特定算法,对数据进行适当处理、临时存储后,把气象信息传送到用户终端。

软件一般包括系统软件和气象业务软件。系统软件通常安装在数据采集处理器中,具备系统初始化、传感器输出采样、将传感器输出信号转换成气象数据并进行线性化和平均处理等功能。气象业务软件运行于用户数据终端上,可对气象数据进行显示、存储,必要时还可接收人工观测数据的输入,并对采集和输入的数据进行质量控制、订正、格式化处理,形成符合气象要求格式的报文和存储文件,同时可与网站中心进行通信。

### 8. 臭氧探空仪 (ozone sonde)

由气球携带升空以测定大气各高度层臭氧分布的仪器。

臭氧探空仪有两种工作原理:① 利用荧光原理,使仪器内荧光粉与大气臭氧作用发出荧光,经光电转换而产生电流;② 利用碘化钾溶液原理,臭氧分子与中性碘化钾反应可产生自由碘,臭氧越多产生的碘离子越多,通过阴极和阳极输出的电流越大。

### 9. 下投探空仪 (dropsonde)

从飞机、火箭、高空气球等平台投下的无线电探空仪,一般呈长圆筒形,用降落伞阻尼落速。火箭下投探空仪一般用来探测 100km 以下的大气层结,以弥补业务用气球探空仪在探测高度上的不足,飞机及高空气球下投探空仪一般用来探测对流层的层结,可填补洋面及荒漠地区上空探空记录的空白。

### 10. 掩星探测 (occultation observation)

被测卫星发射的电波信号被地球大气遮掩,经过地球大气和电离层折射后到达观测卫星,基于观测数据反演获得地球大气温度、密度、气压、电离层电子密度剖面等信息的观测手段。根据被测卫星的不同,通常有 GPS 掩星探测、全球导航卫星系统 (GNSS) 掩星探测、气象、电离层和气候星座观测系统 (COSMIC) 掩星探测等。

以 GPS 掩星探测为例，在一颗或多颗地球低轨卫星 (LEO) 上装有星载高精度 GPS 接收机，借助于地球边缘的临边效应，接收由导航卫星 GPS 星座发出的无线电信号进行掩星测量。LEO-GPS 掩星观测示意图如图 1.8 所示。GPS 信号在穿过大气层到达 LEO 卫星的过程中发生折射，折射效应与大气的压力、温度和水汽分布等参数有关。利用 LEO 卫星上的 GPS 接收机测得的多普勒频谱仪及 LEO 卫星的位置和速度信息，可得到无线电信号在地球大气中传播的时延，从而反演出大气的折射指数、电离层参数、气压、温度、水汽等气象信息。

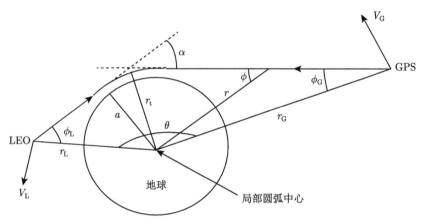

图 1.8　LEO-GPS 掩星观测示意图

掩星探测技术导航卫星应用是空间探测技术的重要手段，通过掩星观测卫星提供的全球观测资料，可反演获得高精度、全天候的大气参数，具有高精度、高垂直分辨率、全天候观测、全球覆盖、低成本、近实时和自校准、长期稳定等诸多优势。

**11. 临边探测 (limb sounding)**

是一种针对中高层大气探测的卫星遥感探测手段，一般指卫星遥感器对地球四周大气层而其视场内没有地球圆盘的探测，遥感器从大气层切线方向接收其红外或微波热辐射。

临边探测的主要特点包括：① 作为一种对大气进行切片探测的技术，如图 1.9 所示，具有很高的垂直分辨率；② 能够观测大气中的很多气体，通过氧原子的辐射获取温度和气压，即使是存在能够阻止短波紫外、可见光、红外测量的气溶胶、卷云和极地平流层云的情况下，观测机会也很高；③ 在使短波技术饱和或阻碍的浓密冰云条件下，能够测量云冰和冰粒子尺寸的信息，能够全天时全天候观测，实现每天全球覆盖；④ 能够光谱解析所有高度的发射线，即使是在强吸收线附近非常弱的吸收线。

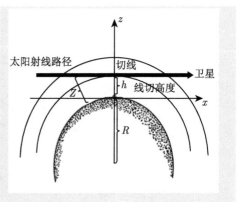

图 1.9　临边探测原理示意图

通过探测临边大气辐射信息，能够反演获取全球中高层大气温度、水汽、臭氧及其他大气化学成分的垂直分布。临近空间大气温度、臭氧及多种微量成分是全球变化的重要参量，对于研究临近空间大气环境特性、临近空间与全球变化的内在关系及地球系统科学具有重要意义。

# 第 2 章  平流层飞艇平台

## 2.1  基 本 术 语

### 1. 临近空间飞行器 (near space aircraft)

能在临近空间飞行并执行任务的飞行器。按飞行速度可分为临近空间低速 (低动态) 飞行器和临近空间高速 (高动态) 飞行器。

根据飞行原理，临近空间低速飞行器分为升力型、浮力型、混合型 (浮升一体型) 等。平流层飞艇是典型的浮力型临近空间低速飞行器，高空长航时太阳能飞机是典型的升力型临近空间低速飞行器。

### 2. 平流层飞艇 (stratospheric airship)

利用临近空间下层风速较小和太阳辐照较好等有利条件，依靠浮力实现升空和高度保持，通过太阳能电池和储能电池构成昼夜闭环的可再生循环能源系统，采用螺旋桨等推进装置抗风驻留和机动，可在特定区域实现长期驻留、可控飞行的浮空类飞行器。

平流层飞艇系统构成复杂，一般包括结构分系统、能源分系统、推进分系统、飞控分系统、环控分系统、测控分系统、安控分系统等。

### 3. 高空气球 (high altitude balloon)

又称平流层气球或高空科学气球，指可携带仪器设备长时间在平流层高度驻空，进行气象、天文、空间物理、化学、环境科学、遥感、卫星仪器及空间技术等科学试验或任务的大型气球，一般采用聚合物薄膜材料制作。

高空气球通常分零压气球和超压气球两大类。前者在白天由于太阳辐射增温而高度升高，夜间则由于辐射降温而高度下降。后者通过维持一定球体内外压力差而实现在某一高度长期飞行。高空气球一般无动力系统，飞行不可控，在驻空高度的风场环境中随风飞行。

近年来，基于风场利用的高空气球技术得到了广泛关注，其基本原理是，通过调控气球驻空高度，对不同风层风场有效利用，实现一定的轨迹控制和区域驻留能力。

## 2.2 分 系 统

**1. 结构分系统 (structure subsystem)**

平流层飞艇的主要保形和承力系统，为浮升气体提供所需容积，为各种设备提供集成空间和安装基础，承受和传递飞行中的空气静力、动力、囊体压差以及推进装置产生的载荷，主要包括气囊、尾翼、吊舱、头锥等。

平流层飞艇一般采用低阻力参数外形设计，结构分系统保持气动外形，降低阻力；艇体内部分为主、副气囊，主气囊容纳浮升气体，副气囊容纳空气，通过吸入或排出副气囊中的空气，保持气囊内外压差在限定范围内。

**2. 推进分系统 (propulsion subsystem)**

利用反作用原理为平流层飞艇提供动力和控制力的装置，目前主要采用螺旋桨电推进技术，一般由电机、高空螺旋桨等设备组成。有些平流层飞艇的推进系统还带有矢量转向机构，可用于实现改变推进力方向。

**3. 能源分系统 (power subsystem)**

为平流层飞艇的推进、飞控、任务载荷等全部分系统/设备供电，主要由太阳电池阵、储能电池、能源管理和应急电源等组成。在有日照的条件下，能源分系统的太阳电池阵将太阳能转化为电能，为系统供电并为储能电池充电，在无日照条件下，通过储能电池为系统供电。

**4. 飞控分系统 (flight control subsystem)**

为平流层飞艇飞行控制提供手段，包括导航、飞行控制计算机和执行机构等，包括姿态与位置确定、姿态控制、航迹控制、高度控制等。

**5. 环控分系统 (environment control subsystem)**

通过风机、阀门、换热器等装置对温度、压力等进行调控，为平流层飞艇储能电池、飞控、任务载荷等提供合适的环境条件，保证平台和载荷在临近空间低温低压环境下正常工作。

**6. 测控分系统 (tracking telemetry and command subsystem)**

用于地面与平流层飞艇平台之间的测控数据传输和跟踪定位，由艇载数据终端、地面站测控系统与数据终端及配套设备组成，也可以利用卫星进行中继测控和通信。

**7. 安控分系统 (safety control subsystem)**

主要功能是针对飞行过程可能出现的紧急或意外情况，通过艇载安控执行机构 (如火工品装置) 实现快速释放囊体内浮升气体，从而实现整个系统的快速着陆、回收，尽可能减少系统损失，避免潜在危害。

## 2.3 运行阶段与参数

**1. 放飞阶段 (lauch phase)**

放飞阶段是指平流层飞艇从出库到起飞的阶段，主要包括地面准备、转运和放飞。

地面准备主要包括浮升气体充填、结构部件及艇载设备装配、飞艇保压与姿态角配平、各分系统检查测试、场地准备、气象准备、放飞设备检查、测控指挥系统到位、浮力转移等。转运主要包括将飞艇从总装场地牵引至放飞场地的过程。放飞是指飞艇从转运放飞平台上解除约束自由升空的过程。

**2. 上升阶段 (ascending phase)**

上升阶段是指飞艇从起飞至到达驻空高度的上升过程。飞艇起飞主要包括初始起飞姿态和初始起飞速度选定、起飞指令下达、放飞设备解锁、起飞状态记录跟踪、上升状态测控、上升轨迹跟踪等。

**3. 驻空阶段 (residence phase)**

驻空阶段主要是指平流层飞艇达到运行高度后，根据任务要求和大气环境条件，进行在工作高度下的巡航、机动和驻留飞行的阶段。

**4. 下降阶段 (desending phase)**

下降阶段是指驻空阶段的平流层飞艇收到下降指令后启动下降程序开始下降至降落着陆的过程。

**5. 回收阶段 (retrieving phase)**

回收阶段是指平流层飞艇降落后打包入库的整个阶段，主要包括飞艇的锚泊、拆收 (含氦气回收) 等过程。

**6. 地面系留最大允许风速 (maximum ground mooring wind speed)**

平流层飞艇在地面系留时允许的地面环境最大风速。当地面环境超过地面系留最大允许风速以后，飞艇在系留状态可能引起结构破坏。

**7. 地面牵引最大允许风速 (maximum ground towing wind speed)**

平流层飞艇在地面牵引 (含出库) 操作时允许的地面环境最大风速。当地面环境超过地面牵引最大允许风速以后，对飞艇进行牵引操作可能引起结构破坏。

**8. 起降最大允许风速 (maximum take-off and landing wind speed)**

平流层飞艇进行放飞和降落回收时允许的地面环境最大风速。当地面环境超过起降最大允许风速以后，可能引起飞艇结构破坏或放飞安全问题。

**9. 上升/下降速度 (ascending/descending speed)**

平流层飞艇上升/下降飞行时垂直方向的速度。

**10. 驻空高度 (residence altitude)**

驻空高度指平流层飞艇实现长期驻留的工作高度，用气压高度或海拔表示。

**11. 高度保持精度 (altitude holding precision)**

衡量平流层飞艇实际飞行高度与指定飞行高度之间的差距以及高度保持能力，可用实际高度及变化量与理论高度之间差距的最大值表示，该值越小说明精度越高。

**12. 水平位置保持精度 (horizontal position holding precision)**

水平位置保持精度指用于衡量平流层飞艇通过控制系统调整实际位置与目标航迹值之间差距的能力，可用不同风场条件下实际位置与目标位置之间差距的标准误差表示，该值越小说明精度越高。

**13. 最大抗风能力 (maximum wind resisting capability)**

平流层飞艇满足规定状态要求时所具有的最大抵抗各种风速及风矢变化量影响的能力。

最大抗风能力通过“飞行包线”来确定，通常取下列速度的最小值：

(1) 螺旋桨推力可达到的最大相对飞行速度 (空速)；

(2) 结构强度能承受的最大动压所对应的速度，以及由抖振或颤振限制的最大速度；

(3) 由平流层飞艇操纵性、稳定性限制的最大速度。

**14. 持续抗风能力 (continuance wind resisting capability)**

平流层飞艇在驻空高度满足能源昼夜平衡条件时所能达到的最大抗风能力，也称平均抗风能力。

**15. 上升时间 (ascending time)**

上升时间指平流层飞艇从放飞离开地面开始，至首次到达驻空高度稳态值所经历的时间。

**16. 驻空时间 (residence time)**

驻空时间指平流层飞艇从上升至首次到达高度稳态值开始，到平流层飞艇主动开始下降所经历的总时间，有些情况下也指到达一定驻空高度之后的驻空时间。

**17. 下降时间 (descending time)**

下降时间指平流层飞艇从接收到下降命令开始到飞艇着地所经历的时间。

**18. 放飞前准备时间 (deployment time)**

放飞前准备时间是指飞艇在起飞前，从进入发放场区到放飞程序开始前的时间。

**19. 撤收时间 (disassembly time)**

撤收时间是指飞艇着陆后，释放或者回收其气囊中的气体，拆卸并分别安置、包装各分系统设备、包装飞艇囊体等所需要的时间。

**20. 超冷 (supercool)**

平流层飞艇囊体内气体温度低于周围环境温度的现象。在上升阶段，随环境大气温度和压力下降，囊体内气体体积快速绝热膨胀，导致超冷现象发生；在驻空阶段，外部辐射状态骤变等特殊情况也可能导致小概率超冷现象。

**21. 超热 (superheat)**

受太阳短波辐射和地面长波辐射等作用，平流层飞艇囊体内气体温度高于周围环境大气温度的现象，主要发生在驻空阶段和下降阶段。

在驻空阶段，超热可造成浮升气体密度下降，使其体积增加，造成飞艇总质量下降，压力高度随之增加；当保持飞艇总体积不变时，超热可导致飞艇内外气体压力差增加，影响结构安全。在下降阶段，超热可造成净浮力增加，阻碍下降过程。

## 2.4 系统设计参数

**1. 空重 (empty weight)**

去除任务载荷和内部所有气体之后，平流层飞艇各部分重量之和。

**2. 总重 (total weight)**

平流层飞艇空重、任务载荷、内部气体等各部分重量之和。

**3. 平衡重量 (balance weight)**

在工作高度达到平衡状态时的平流层飞艇总重。平流层飞艇的平衡重量等于其总浮力。

**4. 总浮力 (total buoyancy)**

平流层飞艇排开的空气重量，计算公式为

$$B = V_{\mathrm{main}} \rho_{\mathrm{a}} g$$

式中，$V_{\mathrm{main}}$ 为飞艇囊体体积；$\rho_{\mathrm{a}}$ 为艇体周围大气平均质量密度 (考虑大气压力梯度的曲率变化，质量密度取均值)；$g$ 为重力加速度。

**5. 净浮力 (net buoyancy)**

平流层飞艇排开空气的重量与囊体内气体重量之差:

$$L_n = V_{main} g (\rho_a - \rho_g)$$

式中, $(\rho_a - \rho_g)$ 称为净密度。

**6. 有效浮力 (available buoyancy)**

净浮力减去平流层飞艇除气体以外的结构质量,可用于搭载任务载荷、压舱物等。

**7. 载荷重量 (payload weight)**

平流层飞艇携带的任务载荷 (有效载荷) 重量,通常包括通信载荷、环境探测载荷、侦察预警载荷等。

**8. 最大连续输出功率 (maximum continuous output power)**

平流层飞艇在整个寿命期内,能源系统可连续稳定提供的最大平均输出功率。

**9. 最大输出功率 (maximum output power)**

运行过程中一个限定时段内,能源系统所能提供的最大输出功率,不影响能源系统之前和之后的稳定运行,应具体指多长时间的最大输出功率。

**10. 最大连续推进功率 (maximum continuous propulsion power)**

平流层飞艇推进系统在一段长时间工作期内连续稳定工作的最大平均推进功率。

**11. 最大推进功率 (maximum propulsion power)**

平流层飞艇推进系统在一个较短的时段内能够提供的最大推进功率,应具体指多长时间的最大推进功率。

**12. 负载功率 (load power)**

平流层飞艇各个部件、单元、设备、分系统的功率消耗，由负载设备的功率-时间曲线来描述。

**13. 重心 (center of gravity)**

平流层飞艇重力合力的作用点。

**14. 浮心 (center of buoyancy)**

平流层飞艇浮力的作用点。

**15. 尺寸 (dimension)**

平流层飞艇艇体、尾翼、螺旋桨和设备载荷舱等最大外包络的几何尺度，用长 × 宽 × 高表示。

**16. 长细比 (fineness ratio)**

平流层飞艇艇体包络线 (不含尾翼和螺旋桨) 纵向最大尺寸和艇体横向剖面最大直径的比值，直观表现为飞艇的粗细程度，对外形阻力等气动特性有很大影响，是外形优化中的重要变量。通常为 3.0~4.5。

**17. 稳定性 (stability)**

平流层飞艇处于平衡状态时，受到一个瞬时小扰动后，恢复原来平衡状态的能力，主要包括平台姿态稳定性、航线稳定性和速度稳定性。

**18. 操纵性 (maneuverability)**

平流层飞艇对操纵输入的响应特性，即飞艇改变原来飞行状态的能力以及反应的快慢程度。从操纵功能角度，分为机动能力 (实现最大法向过载、最大滚转速度的能力) 和配平能力 (上升、巡航、航线跟踪时有配平能力)。

**19. 寿命 (life)**

平流层飞艇从部署直至由于损耗失效或经济性等而不能继续服役所经历的总时间。

**20. 可靠性 (reliability)**

平流层飞艇设备或系统在规定的使用环境条件、工况和任务时间内，按技术指标要求完成规定功能的能力，评价指标通常包括可靠度、失效率、平均无故障工作时间、平均失效时间、有效度等。

**21. 安全性 (safety)**

针对因设备误动和未检出的信息差错而产生的故障，避免被控平流层飞艇处在潜在危险或不稳定状态的能力。

**22. 保障性 (indemnification)**

平流层飞艇的设计特性和计划保障资源满足使用要求的能力总称，是平流层飞艇系统的固有属性。

**23. 维修性 (maintainability)**

根据设计要求，平流层飞艇通过维修所能保持和恢复其在使用中的可靠性程度。

**24. 环境适应性 (environment adaptability)**

平流层飞艇在寿命期预计可能遇到的各种环境作用下，能实现所有预定功能和性能和 (或) 不被破坏的能力，即平流层飞艇在可靠地实现规定任务的前提下，对环境的适应能力，包括平流层飞艇能承受的若干环境参数变化范围。

# 第 3 章　平流层飞艇结构分系统

## 3.1　结构及部件

**1. 柔性结构 (flexible structure)**

结构整体刚度小的一种结构体系，是一个定性描述的概念，与刚性结构相对应。

柔性结构一般为轻质预张力空间结构体系，结构形态的刚度主要来源于合理的几何形态与预张力，张力是维持结构形态和产生刚度的内在因素。柔性结构呈强几何非线性，材料一般处于线弹性阶段，需用几何非线性理论分析。

平流层飞艇的柔性结构主要由主气囊、副气囊、充气尾翼、充气骨架、帘布、索等柔性结构组成。柔性结构部件具有轻质量、高强度、高弹性和低松弛的特点，在使用中仅受拉，不受压和剪扭作用。

**2. 软式飞艇 (non-rigid airship)**

结构整体形态由主气囊气压产生和维持，主气囊作为结构形态和载荷受力传递的核心，软式飞艇也称柔性飞艇，与硬式飞艇和半硬式飞艇相对应。

软式飞艇顶部压差大，底部压差小，因此顶部刚度、张力大，底部小。采用悬挂系统可有效传力，保持整体形态。悬挂系统通常由帘布和拉索构成 (图 3.1)，帘布整体呈抛物线型，边缘型式的重要设定参数可根据载荷分布的均匀系数或整体静力矩与变形控制理论设计。

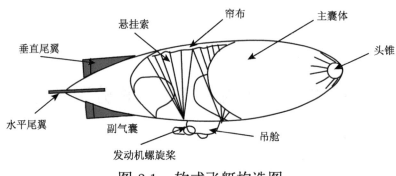

图 3.1　软式飞艇构造图

### 3. 刚性结构 (rigid structure)

由刚性材料构成的结构，结构形态由材料自身决定，不依赖于预应力，结构整体刚度取决于合理的几何形态与材料刚度。平流层飞艇的刚性结构包括龙骨、框架、吊舱、头锥、尾锥、支架、连接件等，是飞艇的主承力结构。

### 4. 硬式飞艇 (rigid airship)

飞艇结构均由刚性结构组成，又称刚性飞艇，由柔性结构和刚性结构共同组成的飞艇称为半硬式飞艇。

飞艇刚性结构的主要性能指标是强度、刚度、稳定性、疲劳与断裂等力学性能，以及交变温度场作用下的热力学性能。轻量化也是硬式飞艇结构设计的重要指标，为实现轻量化，大量使用先进复合材料作为主要材料，采用桁架结构作为主要结构形式 (图 3.2)，使结构的比刚度、比强度等达到较大值。刚性结构设计还要考虑与囊体蒙皮等柔性结构的刚柔耦合效应。

### 5. 主气囊 (main envelope)

一般指平流层飞艇的外囊体，内部充填氦气，又称氦气囊。主气囊是平流层飞艇的主要结构部件，是氦气的容积场所，浮空飞行的浮力源。主气囊形状对飞艇的整体性能影响很大，纵向对称面一般为椭圆形或橄榄形等流线外形。

图 3.2　齐柏林飞艇公司碳纤维桁架

平流层飞艇结构设计时，须保持主气囊材料处于张力状态，以防止艇囊因载荷、温度、高度或大气压力改变而失去保持外形能力的"刚性"。主气囊的几何形状、尺寸、内外最大压差以及所选用材料决定了飞艇的气动特性、重量等多项核心性能指标。主气囊整体材料重量通常占到平流层飞艇结构总重的 50% 以上，因此主气囊材料轻量化是实现整体结构轻量化的关键之一。

由于平流层飞艇长期在低密度、高辐射、低温、低气压环境下运行，内部氦气渗透较高，要求主气囊材料具有高比强度、抗辐射、耐低温、低氦气渗漏、抗撕裂和挠曲、良好的加工工艺性等特点。平流层飞艇主气囊蒙皮多为层合式复合材料，结构组成如图 3.3 所示。主气囊上往往安装有安全阀门，当内外压力超过规定值时自动排气，防止主气囊因压力过高而胀破。

**6. 副气囊 (ballonet)**

平流层飞艇的辅助性囊体，一般位于主气囊内，内部充填空气，又称空气囊，主要用于飞艇升降过程中的速度控制和压力控制，也可用于驻空阶段压力和高度的调整，同时可实现一定范围内的重心调整。副气

囊中的气体 (空气) 与主气囊中的浮升气体 (氦气) 相隔绝，通过阀门或风机与外部空气连通，用来充气或放气，如图 3.4 所示。

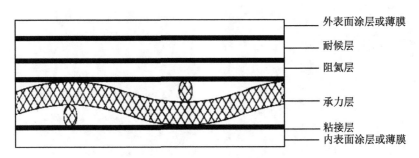

图 3.3    主气囊蒙皮材料结构

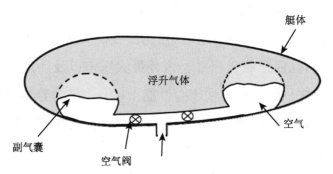

图 3.4    典型飞艇副气囊视图

副气囊可以是艇囊内的一系列单独的气袋，通过隔膜连续连接在艇囊的内下表面，连同艇囊内下表面一起构成一个封闭隔舱，其大小决定了飞艇压力高度。低空飞艇副气囊体积占总体积的 20%~30%，平流层飞艇副气囊体积可达主气囊体积的 85% 以上。

平流层飞艇升空之前，先将副气囊充进空气，随升空高度增加，外部环境气压降低，主气囊内外压差增大而膨胀，副气囊就因受挤压而缩小，此时需要打开空气阀排气。飞行过程中，还可以利用副气囊中空气体积的变化调节飞艇重心，以利于姿态控制等。

#### 7. 气室 (gas compartment)

囊体内部有由柔性隔膜或隔板分割开的气体空间，气室间通过阀门等气压调节装置调节内部气压，可独立或维持一定的逻辑关系，即压力相等或一定压差、分舱分压，从而满足平流层飞艇整体设计要求。

将大的气体空间分隔成许多小气室的作用在于，众多小气室可提高飞艇的抗损性和安全性，部分气室受损，整个飞艇的浮力不会完全丧失。另外，可通过调节各气室气压辅助控制飞艇的飞行姿态，配平质量分布。

#### 8. 充气尾翼 (inflatable empennage)

采用柔性充气结构形式的尾翼，要求高压力 (一般 60kPa 以上)，以保证整体刚度和气动外形。充气尾翼位于飞艇艇囊末端，用来保持飞艇稳定性，如图 3.5 所示。衡量充气尾翼性能的重要指标通常包括表面积、展弦比、锥度比、表面积重量比等。

图 3.5　充气尾翼示意

充气尾翼布局通常有十字形、Y 形、倒 Y 形、X 形等，通过外部支撑系统进行固定。尾翼根部与飞艇艇囊紧密连接，尾翼顶部通过尾翼张线固定。

飞艇充气尾翼设计首先需要确定尾翼在艇体上的轴向布置位置，设计过程需协调各种因素，通过比较优化后最终确定。一般来说，

(1) 尾翼越靠后，力臂越大，因此可使用小翼面尾翼。

(2) 尾翼越靠后，艇体截面直径越小，将导致艇体前端靠后的位置气流流动较差，同时引起较厚的湍流边界层，需要较大面积的大展弦比尾翼来克服这种影响。

(3) 尾翼越靠后，艇体截面直径越小，气动力影响就越小，气动力和位移载荷的分布密切相关，因此需要较大面积的尾翼来进行补偿。

(4) 尾翼越靠后，艇体截面直径越小，囊体结构张力和截面面积就越小，影响囊体支持尾翼的能力，需要较大的尾翼连接面积、连接接头和强度，使载荷更为分散。

(5) 尾翼越靠后，超重尾翼越有效，需要在艇首添加较大的配重以保持整体平衡。

尾翼增加了飞艇结构重量和阻力，除轴向布置位置外，还须确定数量、圆周布局、展弦比、锥度比、截面轮廓、设计形状等。展弦比、锥度比、布置位置按照初始假设，通过迭代确定出为保证足够稳定性所需的尾翼面积。

**9. 幅片 (panel patterning)**

平流层飞艇囊体由多个相同的幅片焊接而成。囊体裁剪设计有纵向和环向两种方法，对主气囊可采用纵向旋转体的幅片合成方式，根据囊体材料几何参数、飞艇几何外形参数设计确定，裁剪设计过程还需考虑幅片数、幅片纵向坐标 (对应长度)、幅片横向坐标 (对应宽度) 和应变补偿系数。

1) 计算幅片数

囊体材料幅宽为 $w_0$、囊体最大半径为 $r_c$，则囊体所分幅片数为

$$n \geqslant n_0 = \frac{2\pi \times r_{\mathrm{c}}}{w_{\mathrm{e}}} = \frac{2\pi \times r_{\mathrm{c}}}{w_0 - 0.1}$$

式中, $w_0$ 单位为 m; $w_{\mathrm{e}} = w_0 - 0.1$ 为有效利用幅宽 (两边各扣除 0.05m), 并取 $n$ 为整数或偶数 (满足对称)。

2) 计算幅片纵向坐标

设囊体曲线回转轮廓线方程为 $f(x)$, 则沿飞艇纵轴分点 $x_i$ 坐标 (回转半径) 为

$$y_i = f(x_i)$$

囊体曲线可展, 则囊体曲线弧长为裁剪展开幅片纵向坐标:

$$S_i^0 = \int f(x_i)\mathrm{d}s = \int_0^{x_i} \left(1 + f'(x)\right)^{\frac{1}{2}} \mathrm{d}x$$

3) 计算幅片横坐标

沿 $2n$ 径向均匀分割囊体为 $2n$ 份, 并以坐标轴为零度基准点, 沿环向顺、逆时针各转 $\pi/n$, 此弧长投影到柱面坐标系则为幅片横向坐标值, 幅片宽为 2 倍坐标, 关于基准线对称。幅片横向坐标为

$$w_i^0 = \frac{\pi y_i}{n}$$

4) 计算应变补偿系数

环向应变补偿修正后幅片宽度为

$$w_i^1 = \frac{\pi y_i}{n} \left(1 - \frac{p y_i}{Et}\right)$$

囊体材料纵向张力是变化的, 因此幅片纵向难以给定一个补偿系数。以总弧长 $S_t$ 的中点作为基准点, 根据受力与应变修正膜片展开坐标 $S_i$。以 $x_i$ 代表有效幅长 $S_i^0$, 采用 $x_i$ 为中心坐标的差分格式, 增量为 $d_i = x_i - x_{i-1}$、$d_{i+1} = x_{i+1} - x_i$ 的一半, 计算对应点弧长, 相减得到

$x_i$ 所代表有效幅长。根据 $x_i$ 点曲率半径 $f''(x_i)$ 计算纵向张力 $f_i$，则可计算出 $x_i$ 对应幅片长的应变补偿为

$$\varepsilon_i = \frac{f_i S_i^0}{Et}$$

最后将各坐标代表幅片长应变相加，并以整个幅片中点为基准点，修正 $S_i^0$，得到幅片纵向坐标 $S_i^1$。

5) 绘制幅片

根据前面计算，以 $(S_i^1, w_i^1)$ 为坐标绘制曲线，此为幅片半边线，对称得到整个幅片放样，呈橄榄形、柳叶形，如图 3.6 所示。

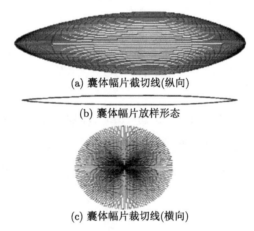

(a) 囊体幅片截切线(纵向)

(b) 囊体幅片放样形态

(c) 囊体幅片裁切线(横向)

图 3.6　囊体幅片裁剪设计

**10. 撕裂幅 (tearing panel)**

撕裂幅指在特殊情况下主气囊蒙皮可被撕开的幅片，它是平流层飞艇上设置的一种安全防护措施，通过撕裂幅的开启，可实现氦气快速释放、飞艇紧急下降回收。

**11. 操作口 (operation hole)**

一般位于主气囊囊体的最低端或受力较小的位置，便于维修操作、人员进入等，操作口一般为圆形，直径不小于 450mm。

### 12. 帘布 (curtain)

位于主气囊内的细长衬布，作用是连接囊体与其他结构，将较大集中载荷转化为分布载荷以合理有效地传递至主气囊，减小应力集中，具有纵向强度高、伸长率低、与气囊蒙皮粘着性好等特点。

飞艇吊舱等刚性悬挂系统通过绳系与帘布连接，帘布连接至囊体内表面，使悬挂系统的重量能传递到较大面积的主气囊，从而保证囊体蒙皮不发生明显变形，维持一定刚度和强度。

### 13. 拉索 (tension cable)

拉索是采用高强轻质材料制成的柔性拉力构件，是飞艇柔性结构的重要组成部分，可用作飞艇囊体内悬挂索、牵引索等，材质一般为高强纤维材料或钢丝等。

飞艇气囊内的帘布一般与拉索连接，通过它把作用在飞艇上的载荷均匀分布到囊体蒙皮上，从而支撑吊舱和有效载荷。拉索设计的主要考虑因素包括抗拉失效强度、蠕变特性、松弛特性、工作环境中的力学性能衰减规律。

飞艇囊体中典型拉索的张力计算方法为：取艇囊横截面为研究对象，截面结构由内悬挂、上部蒙皮和侧面蒙皮构成，如图 3.7 所示。计算时需给出如下假设：上部蒙皮作用的压力不变，等于内悬挂安装面上的压力 (点 $A$)。

点 $A$ 处上部蒙皮和侧面蒙皮的静力接触关系如图 3.8 所示。上部蒙皮和侧面蒙皮织物横向张力合成垂直合力：

$$V_1 = T_1 \sin \phi - T_2 \sin (\pi - \theta_A) = T_1 \sin \phi - T_2 \sin \theta_A$$

式中，$T_1$ 和 $T_2$ 为侧面蒙皮和上部蒙皮中相应的张力。

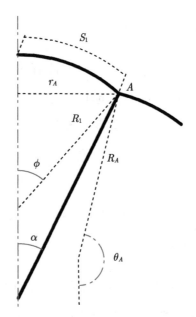

图 3.7   艇囊横截面示意图

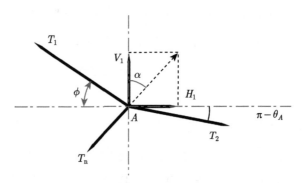

图 3.8   上部蒙皮和侧面蒙皮的张力合成

水平合力的算法相似：

$$H_1 = T_2 \cos(\pi - \theta_A) - T_1 \cos\phi = T_2 \cos\theta_A - T_1 \cos\phi$$

$$T_n = \sqrt{V_1^2 + H_1^2}$$

式中，$T_n$ 为拉索张力。

### 14. 固定片 (fastening patch)

部分粘接在囊体蒙皮表面的一块织物与拉索系在一起，起到连接拉索与囊体的作用，还使得拉索的载荷传递到固定片与蒙皮粘接区域，粘接区域面积较大，分散了拉索的集中载荷。

固定片的几何形状一般为心形和梅花形，大小与受力有关，固定方向与主受力方向一致。固定片的强度以及与蒙皮的粘接性能关系到拉索与蒙皮的连接效率，对发挥拉索的强度作用有重要影响。

### 15. 尾翼张线 (tail bracing wire)

用来固定尾翼的拉索，连接囊体蒙皮和尾翼上远离蒙皮的一端。尾翼与蒙皮接触的一端通常通过粘接等工艺连接。

尾翼张线与主气囊、尾翼应具有合理布置的空间关系，以保证高效传力。尾翼张线强度的确定须综合考虑飞艇飞行过程中尾翼所受到的气动载荷、索的松弛蠕变以及疲劳强度、设计安全系数等。

### 16. 骨架 (framework)

硬式和半硬式飞艇的骨架主要由龙骨、框架和其他梁等刚性结构组成，作为主要承力结构，并协助保持飞艇外形，通常完全被囊体蒙皮所覆盖 (图 3.9)。骨架的分析设计须在满足强度和刚度等性能要求下实现轻量化，往往采用桁架结构作为基本结构形式 (图 3.10)。

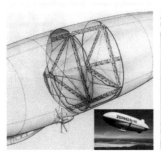

图 3.9　齐柏林飞艇公司的飞艇及内支撑桁架

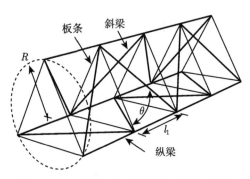

图 3.10   骨架中的典型桁架结构

### 17. 龙骨 (keel)

硬式和半硬式飞艇骨架的主要组成部分，沿艇体轴向从首部到尾部布置，和囊体蒙皮共同维持飞艇外形，与船体的龙骨类似，如图 3.11 所示。龙骨能够将系统重量均匀传递至艇身，在很大程度上降低了囊体所受的最大弯矩，从而降低了囊体所需内外压差。

半硬式飞艇的龙骨主要布置在飞艇底部，贯穿于飞艇的鼻锥和尾锥之间，替代悬挂结构承担主要载荷，降低了囊体的强度要求。

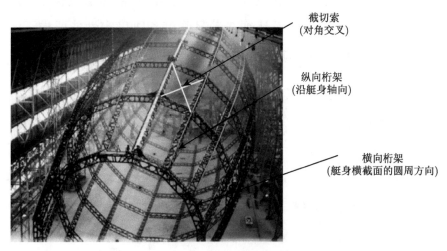

图 3.11   硬式飞艇龙骨结构布置示意

**18. 框架 (frame)**

硬式和半硬式飞艇的局部刚性结构。主要作用是承受载荷和保持形状，通常由几段桁架梁拼接而成，按照一定间隔布置在龙骨上面。

框架结构设计中，首先根据框架与龙骨、蒙皮等结构的连接形式，确定框架的边界条件；然后分析框架的受载状况，包括力学、热、疲劳等，同时对框架的结构和材料进行优化；最后对框架的制作工艺等进行分析。

**19. 吊舱 (gondola)**

吊舱是连接或悬挂于平流层飞艇囊体下方的具有空气动力学外形的刚性结构，主要为任务载荷、能源、飞控等仪器设备提供放置空间。

早期飞艇的吊舱通过缆索吊挂在艇囊下表面的加强片上，把吊舱的悬挂质量分布在艇囊表面足够大的面积上，以减小囊体应力集中，但存在气动阻力大、飞艇俯仰姿态变化范围受限、机动性降低等缺陷。现代飞艇采用紧密联系的悬挂系统，使吊舱能够直接连在艇囊上，以此来克服上述问题，有些飞艇通过囊体的孔洞把部分吊舱放入艇囊中。

飞艇吊舱可以安装螺旋桨与电机、压舱物、电气系统、任务载荷以及其他系统。当满载悬挂质量时，吊舱重心应大致位于飞艇浮心下方。一些可变质量 (压舱物等) 应放在吊舱之内，以确保飞艇的整体平衡。

**20. 头锥 (head cone)**

通常由安装在艇首外部的辐条、系留头、加劲环等组成，是飞艇头部的刚性结构组件，主要用于头部载荷的传递和扩散，是飞行中抵抗气动阻力和地面系留维护的承力结构。头锥一般采用类似于车轮轮辐、排列规则的相同构件，沿艇囊纵向中心线圆周分布，典型的头锥结构及力学模型如图 3.12 所示，头锥从艇首中心毂 (上面安装有锚泊连接头) 开始向外发散，沿艇囊纵向朝后延伸一定距离，使艇囊均匀地承受施加在其上的载荷。

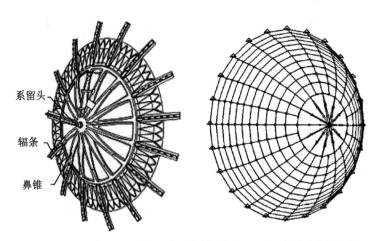

系留头

辐条

鼻锥

图 3.12　典型软式飞艇头锥结构及头锥力学模型

**21. 尾锥 (tail cone)**

布置于飞艇尾端的刚性结构组件，对飞艇尾部进行加强，起到载荷传递和扩散作用。尾锥的结构形式与头锥相同，设计中需注意其重量对飞艇重量分布的影响。

**22. 支架 (bracket)**

一种用于支撑飞艇外部设备的刚性结构，同时能够传递载荷，可以用来连接吊舱 (或尾锥) 和推进系统。

**23. 连接件 (connector)**

连接飞艇各结构模块的刚性连接结构，如图 3.13 所示。刚性连接件主要包括铆钉连接、螺栓连接、焊接连接及销钉连接等。

连接件设计主要包括连接结点形式及布局设计、连接结点应力集中设计、连接节点强度设计，设计中应考虑动态载荷及疲劳载荷的作用。

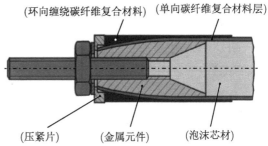

图 3.13 齐柏林飞艇公司刚性接头照片及示意图

## 3.2 性能及设计参数

### 1. 体积 (volume)

主气囊蒙皮所包裹的全部体积称总体积，主气囊内除副气囊外的体积为浮升气体体积，副气囊内包含的体积为空气体积。

### 2. 表面积 (surface area)

主副气囊和尾翼的蒙皮表面积之和称总面积，主气囊和尾翼的蒙皮表面积之和称外表面面积，主气囊蒙皮的面积称艇体表面积。

### 3. 长度 (length)

艇首最前端与艇尾最末端的直线距离，不包括头、尾附属构件长度，是飞艇外形的重要表征参数。飞艇长度决定了飞艇的几何尺度规模，是飞艇体积、表面积、长径比、重量、载荷等参数的重要决定因素，同时，也在很大程度上影响着飞艇的气动特性，如表面阻力、湍流区域等。

### 4. 气密性 (air tightness)

气密性指平流层飞艇囊体阻止内部气体泄漏的能力，即密封性能。其好坏决定着飞艇驻空时间的长短。气体成分、材料、压力水平对囊体气密性能都有较大影响。

**5. 耐压性 (pressure resistance)**

耐压性指平流层飞艇囊体承受内部气体压力的能力。压力越大，蒙皮刚度越大，但蒙皮承受的张力也越大，当张力超过蒙皮材料强度时蒙皮即被撕裂 (也可能并没有达到蒙皮材料强度值，蒙皮在接缝处裂开)，这个临界状态对应的囊体压力为囊体能够承受的压力最大值，其大小表征囊体耐压性。

**6. 结构刚度 (structural stiffness)**

包括静刚度和动刚度两个概念，静刚度是指在各种静载荷作用下飞艇结构抵抗变形的能力，动刚度是指在动载荷作用下飞艇结构振动和动力响应特性。

**7. 结构强度 (structural strength)**

飞艇结构抵抗破坏的能力，由结构材料破坏时的应力水平表征。结构强度是飞艇整体结构初步设计阶段所要得到的指标，是进行整体结构详细设计的基本参数之一。结构强度越高，所能承受的载荷越大。结构强度与载荷形式、工作环境以及几何形状和尺寸、材料强度、工艺质量、破坏形式等因素有关。

飞艇结构强度分析可分为静强度分析 (应力、应变和稳定性)、动强度分析 (振动、动载荷作用下的应力、变形和运动、动力不稳定)、疲劳强度和断裂强度 (包括疲劳寿命) 分析等。

对于材料而言，比强度是材料强度与单位体积质量的比值。比强度高说明材料重量轻且强度大；对于结构而言，比强度可以理解为结构强度和质量的比值。

**8. 结构稳定性 (structural stability)**

结构抵抗失稳的能力。结构失稳分为整体失稳与局部失稳，整体失稳是指结构整体发生失稳破坏，无法继续承受载荷；局部失稳是指结构局部发生失稳破坏，但整体结构可以继续承受载荷。

**9. 结构安全系数 (structural safety factor)**

设计载荷与飞行过程中遇到的最大载荷的比值，表征的是一种设计安全裕度。对于平流层飞艇囊体结构来说，通常要求的极限安全系数为 4。

**10. 设计载荷 (design load)**

结构能承受的极限载荷，又称为极限载荷，等于使用载荷乘以安全系数。只有按设计载荷设计飞艇结构，才能保证结构在预定的使用条件下工作可靠。如实际载荷大于设计载荷，结构将破坏或丧失承载能力。

**11. 使用载荷 (service load)**

正常工作状态下，飞艇结构承受的最大载荷，又称限制载荷。在使用载荷作用下，飞艇结构及其部件不允许产生任何影响正常工作的结构变形，且在卸载后不应遗留有害的残余变形。因此，结构设计应保证在使用载荷作用下，飞艇主要结构元件的应力不超过材料的比例极限。

**12. 振动 (vibration)**

结构的自由振动特性是结构的一种固有属性，可由振动模态和频率表征，是结构动力分析的基础。

**13. 冲击 (impact)**

作用在艇体上的冲击载荷，主要是阵风，推进装置改变推力时对结构造成的冲击载荷。为减缓冲击对飞艇的影响，防止冲击造成飞艇姿态失稳、内部连接部件损坏和气囊局部破损，需对飞艇内部各部件进行加固和固定处理，并对飞艇连接部件的接头和柔性连接件的韧性提出严格的要求。

### 14. 面密度 (areal density)

单位面积飞艇囊体材料的质量，单位为克每平方米 ($g/m^2$)。

### 15. 厚度 (thickness)

飞艇囊体材料正面与背面之间的距离，单位为毫米 (mm)。

### 16. 导热系数 (thermal conductivity)

在稳定传热条件下，对于厚度为 1m、两侧表面温差为 1K 的材料，单位时间内通过 $1m^2$ 传递的热量。用于表征材料导热能力的大小，也叫导热率，用 $\lambda$ 表示，单位为 $W/(m \cdot K)$。

飞艇囊体材料的导热系数越高，囊体温度随环境温度变化越明显，热量又通过囊体与内部气体进行热交换，造成内部气体温度的显著变化，影响飞艇的驻空高度稳定性和结构安全性。因此要求囊体材料的导热系数越低越好。

### 17. 热膨胀系数 (coefficient of thermal expansion)

材料由于热胀冷缩效应，几何特性随温度变化而发生变化的规律性系数。单位为 1/K，包括体膨胀系数 $\beta$ 和线膨胀系数 $\alpha$。其中：

$$体膨胀系数：\quad \beta = \Delta V/(V \times \Delta T)$$

$$线膨胀系数：\quad \alpha = \Delta L/(L \times \Delta T)$$

式中，$\Delta V$ 为温度变化 $\Delta T$ 时材料体积的变化量；$V$ 为初始体积；$\Delta L$ 为温度变化 $\Delta T$ 时材料长度的变化量；$L$ 为初始长度。

热膨胀系数是衡量囊体材料热稳定性的一个重要指标。当对两种不同的材料进行热合时，要求具有相近的热膨胀系数。如果所选材料的膨胀系数相差较大，热合时由于膨胀的速度不同，将在热合处产生应力，影响材料的强度和气密性。

**18. 拉伸强度 (tensile strength)**

在恒定温度、恒定拉伸速率的拉伸试验中, 试样被拉伸至断裂所承受的最大拉伸应力, 单位为 MPa。飞艇囊体材料拉伸试验中, 拉伸强度一般采用试样单位宽度所受的拉伸载荷表示, 单位为 N/cm。

平流层环境温度波动范围较大, 因此需测定在不同温度条件下的拉伸强度。由于囊体材料的经向、纬向拉伸强度不同, 因此需分别测试。

**19. 断裂伸长率 (elongation at break)**

恒定温度、恒定拉伸速率的拉伸试验中, 试样在拉断时的伸长量与原长的比值, 以百分比表示 (%), 即等于 $\Delta L/L_0 \times 100\%$。其中, $L_0$ 为原长, $L'$ 为变形后断裂时的总长度, $\Delta L = L' - L_0$。同拉伸强度类似, 囊体材料需测定不同温度条件下经向和纬向的断裂伸长率。

**20. 撕裂强度 (tearing strength)**

恒定温度、恒定拉伸速率下, 撕裂带有初始裂缝囊体材料至完全断裂所需的最大拉力, 单位为 N。

**21. 剥离强度 (peeling strength)**

恒定温度条件下, 粘接在一起的单位宽度材料, 从接触面进行剥离时所需要的最大力或者平均力, 单位为 N/cm, 用于表征材料与材料粘合程度。剥离方式有 T 型剥离、90° 剥离和 180° 剥离等。

**22. 透氦率 (helium permeability)**

恒定温度和恒定压力下, 在稳定透过时, 单位时间内透过试样单位面积的气体 (氦气) 的体积, 单位为 $L/(m^2 \cdot 24h \cdot atm)(1atm=1.01325 \times 10^5 Pa)$, 用于表征材料本体的气密性。

**23. 摩擦系数 (friction coefficient)**

外部空气与囊体外表面的摩擦系数，是考察飞艇减阻性能的重要指标。从流体作用于物体表面的应力角度分析，阻力可分为压差阻力和摩擦阻力。对于经典外形的飞艇来说，摩擦阻力是主要阻力，对其影响最大的是决定边界层状态的雷诺数、气流紊流度和表面粗糙度等。

**24. 蠕变 (creep)**

囊体材料在温度和应力保持不变的条件下，应变随时间延长而增加的现象。由蠕变引起的应变称为蠕变应变，单位时间内的蠕变量称为蠕变率。蠕变的发生，宏观上是低于材料屈服强度的应力长时间作用的结果，微观上是由位错上升机理和聚合物链再定位等因素导致的。蠕变反映的是材料在载荷下的流变性质，即受载后的流动；对于塑料和其他高分子材料而言反映了其内在的粘弹性。

囊体材料变形的速率与材料性质、加载时间、加载温度和加载结构应力有关，特别是当材料长时间处于高温蠕变时，蠕变现象会更加剧烈。这种变形如果很大，将对材料性质产生不利影响。囊体材料在使用过程中，在外部因素 (温度、辐射、载荷) 作用下，材料内部将形成大量的微观缺陷 (微裂纹和微孔洞)，蠕变变形会导致这些微缺陷形核、扩展、汇合，将造成材料的逐渐劣化乃至发生蠕变破坏。

**25. 松弛 (relaxation)**

囊体材料在总应变不变的条件下，由于试样内部的粘性应变 (或粘塑性应变) 分量随时间不断增长，所以回弹应变分量随时间逐渐降低，从而导致变形恢复力 (回弹应力) 随时间逐渐降低的现象称为应力松弛。蠕变与应力松弛都是囊体材料使用过程中的常见现象。

应力松弛损伤本质上就是蠕变损伤,应力松弛过程通常有两个阶段:第一阶段为应力快速松弛阶段,第二阶段为慢速松弛阶段,也称稳定松弛阶段。一般假设该两阶段是与蠕变第一、第二阶段相对应的。许多试验都表明,蠕变第一、第二阶段只存在晶粒位错,只有在蠕变第三阶段才发生孔洞。松弛过程也是囊体材料弹性变形逐渐向非弹性变形转变的过程,其非弹性变形与蠕变变形机理一致。此外,温度对松弛也有影响,温度越高,松弛越快。

**26. 疲劳 (fatigue)**

囊体材料在长期交变载荷下,强度等力学性能减弱,甚至产生龟裂、断裂的现象。

对囊体材料施加循环应力时,由于损伤的累积,材料失效时所承受的应力低于材料的最大拉伸强度。疲劳失效开始时,会产生很小的、只能用显微镜才能观察到的微裂纹,其位置通常在材料的不连续点或材料的缺陷处,这些地方会导致局部应力或塑性应变集中。一旦囊体材料疲劳裂纹开始萌生,在循环应力作用下,裂纹就会稳定地扩展,直到在所施加应力振幅下变得不稳定为止。在囊体材料实际应用过程中,应当避免达到疲劳裂纹扩展寿命。

常见的疲劳有以下几种:

(1) 接触疲劳。材料在高接触压应力反复作用下产生的疲劳。

(2) 高温疲劳。材料在高温环境下承受循环应力时所产生的疲劳。

(3) 热疲劳。由温度变化引起的热应力循环作用而产生的疲劳。

**27. 耐揉搓性 (rub resistance; flex durability)**

飞艇囊体材料能够耐揉搓多少次后仍能保持材料的使用性能满足要求的能力。对飞艇囊体材料进行的揉搓形式一般为往复旋转运动,有一定的揉搓频率。

**28. 耐折牢度** (flex resistance)

在一定应力作用下，飞艇囊体材料在一定温度下承受反应弯曲或者折叠时的耐久性。

**29. 温度适应性** (temperature adaptability)

囊体材料在平流层环境的高低温交变作用下，能实现其所有功能和性能的能力，即耐高低温性能。

囊体材料在平流层环境中，特别是高温作用下，易热氧化发生降解、交联或蠕变破坏，强度性能下降。高低温交变环境也影响囊体材料的应力状态。由于囊体材料各层的热膨胀系数不同，在交变的温度条件下材料层间产生热应力，即使很小的热应力也会显著加快在湿热环境下材料的失效破坏。材料在工作状态下要承受内外应力的作用，这些内外应力的结合，往往使材料界面以及层中引起部分分子链和分子间键的切断，使材料中原有微小缺陷发展成微细的裂纹，随着裂纹的增长，材料破坏。

地面模拟测试时，模拟温度范围一般为 $-55 \sim 50$°C，考虑到温度的波动，可将温度范围扩大为 $-70 \sim 80$°C。

**30. 紫外老化** (ultraviolet aging)

由于紫外线照射作用，囊体材料的强度等特性随紫外照射强度升高而逐渐降低的现象。

经历紫外辐照后，囊体材料表面与外界空气发生反应而"刻蚀"，聚合物局部发生断裂、交联，从而使材料性能下降。由于平流层臭氧的吸收作用，高度在 15~24km 范围内紫外线主要为 UVB(紫外 B 波段) 波段，频谱范围为 290~360nm。

**31. 臭氧老化** (ozone aging)

由于平流层臭氧作用，囊体材料强度等特性逐渐降低的现象。

臭氧是强氧化剂同时又是强催化剂，它与材料的不饱和官能团等进行直接反应，打开分子链中的某些基键，并产生局部的交联等，从而使材料性能下降。臭氧主要存在于平流层内，一般情况下大气层中的臭氧为 300DU[①]，最高可到 460DU，最低可到 250DU 左右。

**32. 热反射率 (heat reflectivity)**

投射到囊体的太阳光线中被囊体表面反射的能量与投射到囊体的总能量之比，以百分比表示 (%)。太阳辐射一部分被囊体材料反射回去，一部分透过材料直接使内部气体温度升高，从而改变气体的浮力，因此热反射率是评价蒙皮环境适应性的重要指标。

通过提高太阳辐射热反射率，可降低内部气体温度，改善飞艇的超热状况。囊体材料耐候层中性能最好的 PVF(聚氟乙烯) 薄膜，太阳辐射的热反射率为 74%，如果在耐候层表面施加隔热涂层，可增加材料的太阳辐射热反射率，例如，采用金红石 $TiO_2$ 涂层后的热反射率为 80% 以上，采用镀铝层的热反射率可达 90%。

**33. 紫外屏蔽率 (ultraviolet shielding rate)**

囊体材料耐候层在平流层环境紫外线波长范围内屏蔽掉紫外线的比率。屏蔽率越大，紫外线屏蔽能力越强。

未屏蔽掉的紫外线将透过耐候层，直接辐射材料阻隔层以及承力层织物。由于紫外线能量高于一般高分子链中化学键断裂所需要的能量，能够激发键电子能量跃迁，从而造成阻隔层与承力层高分子材料的键断，也就是降解，这将降低材料阻氦性与强度，因此，紫外屏蔽率是评价囊体材料环境适应性的重要指标。

---

① 此为臭氧密度单位：多布森单位 (DU)——为描述大气中臭氧的密度，规定 0.001cm 厚度的臭氧为一个多布森单位。

**34. 热合力学性能参数 (mechanical properties of heat seal)**

主要为热合强度，是指飞艇囊体采用热合拼接时热合缝处的抗拉强度。

热合力学性能参数与母材性能参数要求一致，基本要求等强或者强度不低于母材的 85%，同时对气密性、抗剪、抗撕裂、蠕变、低温韧性、疲劳等性能参数有要求。

## 3.3   材料及组成

**1. 骨架材料 (framework material)**

制造飞艇骨架所用的材料，例如铝合金、天然木质材料，连续纤维增强复合材料等。

**2. 拉索材料 (tension cable material)**

制造飞艇拉索的材料，如高强纤维、钢丝等。

**3. 连接件材料 (connection material)**

制造结构连接件的材料，如钢、碳纤维复合材料等。

**4. 其他轻质材料 (other lightweight material)**

飞艇中不属于以上各类的其他轻质材料，主要包括树脂基纤维增强复合材料、天然纤维、合成材料等。

**5. 主气囊材料 (envelope material)**

制备飞艇主气囊的高强轻质材料，为飞艇提供主要结构强度，是一种柔性层压织物薄膜复合材料，一般由耐候层、阻隔层、承力层、粘接层等组成，如图 3.14 所示。

平流层飞艇主气囊材料应具备以下性能特点：

(1) 强度高。

(2) 质量轻。

(3) 耐环境性能要好。环境因素包括温度、湿度、紫外线辐射、臭氧等。

(4) 抗撕裂性好。裂纹不易扩展。

(5) 气体渗透率低。平流层飞艇需长期驻空, 囊体材料必须具有良好的氦气阻隔功能。

(6) 层间粘结性好。各层间的粘接性要好, 避免出现脱层现象。

(7) 低蠕变。在材料使用寿命内应能保持飞艇外形。

(8) 良好的加工工艺性及易于修补性能等。

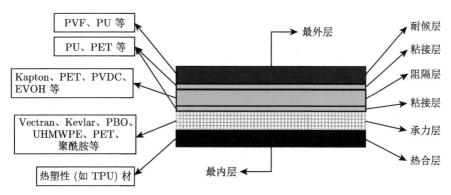

图 3.14　典型主气囊材料结构组成示意

PVF: 聚氟乙烯; PU: 聚氨酯; PET: 聚酯; Kapton: 聚酰亚胺; PVDC: 聚偏二氯乙烯; EVOH: 乙烯-乙烯醇共聚物; Vectran: 热致液晶聚芳酯; Kevlar: 凯夫拉; PBO: 聚对亚苯基苯并双噁唑; UHMWPE: 超高分子量聚乙烯; TPU: 热塑性聚氨酯

**6. 副气囊材料 (ballonet material)**

制备飞艇副气囊 (空气囊) 的轻质高强材料, 是蒙皮内分隔空气与氦气的内部屏障材料, 也属于柔性层压薄膜复合材料, 一般由阻隔层、承力层等高分子功能材料组成, 如图 3.15 所示。

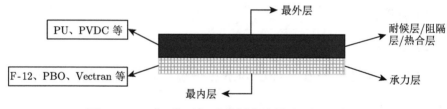

图 3.15 典型副气囊材料结构组成示意图

副气囊材料要求透氦率低、柔韧抗弯、耐磨性好、轻质、强度适中。高阻氦可减少氦气的渗透，减小其与空气的混合机会，从而延长飞艇的工作时间；由于囊体常在蒙皮内晃动，材料的耐磨性就十分重要；主副气囊之间无压差，囊体材料的受力很小，因此强度要求不高。

**7. 耐候层 (environment resistance layer)**

也称外防护层，位于囊体材料的最外层，直接与环境接触，阻止外界环境条件 (紫外线、臭氧等) 对材料内部各层的破坏。

耐候层应具有耐磨损、热合性好、寿命长等特性，目前耐候性能较好且得到广泛应用的耐候层材料主要有 TPU、PU 和 PVF 薄膜。

**8. 阻隔层 (helium barrier layer)**

也称阻气层、气密层和阻氦层，主要用于防止内部氦气的渗透泄漏。

阻隔层要求对氦气具有高的阻隔效率，同时要求具有高的机械强度、弹性、表面硬度、耐磨性和耐候性，且抗静电性好。常用的阻隔层材料有 Tedlar(聚氟乙烯)、聚氨酯、PVDF(聚偏二氟乙烯)、PET、EVOH 等高分子薄膜。

**9. 承力层 (load barring layer)**

也称织物层，几乎承受囊体材料的全部载荷，对材料起支撑作用。承力层需要通过特殊的编织工艺制备成高强织物，用于囊体材料最终复合成型。承力织物按编织主结构纤维编织方法可分为：稀纱编织平纹织物、密纱编织平纹织物、平置织物等。

对承力层的性能要求如下：

(1) 高比强度、高比模量。

(2) 断裂伸长率低、断裂强度大，突出的抗冲击性、抗撕裂性和抗切割性。

(3) 抗紫外辐射、耐化学腐蚀、耐磨、有较长的挠曲寿命。

常用的承力层纤维材料有聚酯、聚乙烯、聚酰亚胺、芳烃聚酰胺等高强纤维。根据承重织物层的性能要求，在这些材料中首选高比强度的材料，如芳纶纤维、PBO 纤维和 Vectran 纤维等。

**10. 粘接层 (bonding layer)**

囊体材料的功能层之一，用于将其他功能层材料粘接在一起。

粘接层既要有助于囊体多层复合层压材料的生产，同时还要确保粘接面的可靠性，目前主要采用 PU 和聚碳酸酯等化合物。

**11. 热合层 (heat sealing layer)**

囊体材料的功能层之一，是可以单面或双面热合的材料，即加热该层可将囊体材料裁片连接在一起，以满足囊体材料连接的需要。热合层材料通常选择 PU。

**12. 热合带 (heat seal tape)**

热合层对接时用于相邻囊体材料热合层背面骑缝热合、有适当宽度的膜条，是飞艇囊体材料复合时使用的辅助膜片。

热合带具有热封性，能使对接部分有良好的连接强度和阻隔性，其材质需根据母材种类确定，如 PTFE(聚四氟乙烯) 之间焊接的热合带表面为 FEP(氟化乙烯丙烯共聚物)，PVDF(聚偏二氟乙烯) 之间焊接的热合带表面为可焊接 PVDF(即 PVDF 含量低于 60%)。

## 3.4　工　艺

**1. 缝合 (sewing)**

利用缝纫机缝合囊体材料的方法，缝合一般采用工业专用缝纫机，对缝纫线、针距、排列等有专门要求或特定试验要求。缝纫连接通常用于无防水要求的囊体材料结构中，或者是与热合连接同时应用在薄膜涂覆织物的边角处理上。

**2. 热合 (heat seal)**

利用专用设备，通过局部加热使囊体材料粘合在一起的过程，是囊体加工的基本工艺方法。材料的热合性能主要由热合温度、热合力以及热合时间决定，其中热合温度是最关键的参数，而热合强度是判断材料热合性能优劣的依据。

按热合方式不同，热合工艺可分为以下四种。

(1) 搭接热合。将相邻囊体片边缘部分重叠后进行连接的热合工艺过程 (图 3.16)。

图 3.16　囊体材料直接搭接形式

(2) 对接热合。将相邻囊体片拼对在一起，靠热合条共连接在一起的热合工艺过程 (图 3.17)。

图 3.17　囊体材料对接热合形式

(3) 高频热合。囊体材料通过高频电磁波获得相应的热量，从而使热合层熔融，然后施加压力并冷却使囊体片结合在一起。

(4) 高温热合。囊体材料通过接触加热物体获得相应的热量，从而使热合层熔融，然后施加压力并冷却使囊体片结合在一起。

**3. 粘合 (bonding)**

粘合是用化学胶粘剂将囊体材料各相邻层之间牢固地连接在一起。其中，胶粘剂与母材化学特性紧密相关，粘合工艺和环境是保证粘合性能的重要因素。

**4. 复合 (composite)**

将两种或两种以上不同性质的材料，通过物理或化学的方法，在宏观上组成新材料的过程。复合方法通常分为干法、湿法、挤压法和涂布法四种基本方法。

囊体层压材料的复合要根据使用的粘合剂类型及预复合两种材料的特点而选用不同的复合方法。对溶剂型粘合剂，在膜与膜复合时，采用干法复合，膜与布复合时采用湿法或涂布法复合。如果粘合剂是热熔型的，就采用挤压复合。

囊体材料的复合工艺是材料制造的关键，复合质量的好坏直接决定于原材料质量、设备情况、工艺参数及有关具体技术细节的操作。

织物薄膜的复合技术一般采用层压工艺，主要有粘合剂法、焰熔法和热熔法。粘合剂法需在膜/布界面上添加适当的粘合剂。焰熔法采用火焰加热，是主要应用于软质泡沫塑料的层压工艺。热熔法是在薄膜熔融温度熔化后通过施加一定压力，使其贴覆到纤维基质表面上，界面结合力较好，无须加入粘合剂。

# 3.5　试　　验

**1. 拉伸试验 (tensile test)**

在承受轴向拉伸载荷下，测定材料力学性能特性的试验方法。利用拉伸试验得到的数据可以确定材料的拉伸强度、屈服强度、伸长率、弹性模量、泊松比和其他性能指标，高温条件下通过拉伸试验可以得到蠕变数据。

**2. 撕裂试验 (tearing test)**

对材料施加两个相反方向的力，使之分离或破裂的试验，囊体材料完全断裂所需的最大拉力即撕裂力。

**3. 透氦率试验 (helium permeate test)**

用于测试材料在一定温度压力条件下氦气透过率的试验。囊体材料的透氦率影响因素很多，而其本身的透氦率往往又很小，故测试中每一影响因素如温度精度等均应考虑。

**4. 剥离试验 (peeling test)**

测定两种材料粘合面之间粘合强度的试验。将规定宽度的试样在一定的速度下进行 T 型、90° 或 180° 剥离，测定材料与材料之间的平均剥离力。剥离力的测试设备可采用万能拉力试验机，或专门的剥离力试验机。

**5. 老化试验 (aging test)**

主要包括高温老化试验、紫外老化试验、臭氧老化试验。

高温老化试验，是指囊体材料在高温环境下老化一定时间，对高温老化试验前后的材料进行相关表征和力学性能测试，检验临近空间高温环境对材料的影响。

紫外老化试验,是指将材料试样置于氙灯或紫外老化试验箱内,通过调整紫外线强度,使囊体材料在强紫外线环境下辐照一定时间,对紫外老化试验前后的材料进行相关表征和力学性能测试,检验临近空间紫外环境对材料的影响。

臭氧老化试验,是指将材料试样置于臭氧老化试验箱内,通过调整臭氧浓度,使囊体材料在高臭氧浓度环境下老化一定时间,对臭氧老化试验前后的材料进行相关表征和力学性能测试,检验临近空间臭氧环境对材料的影响。

**6. 疲劳试验 (fatigue test)**

用于评估材料疲劳强度及疲劳寿命。常用的力学疲劳试验设备包括:旋转弯曲疲劳试验机、电磁谐振疲劳试验机、电液伺服疲劳试验机,这些设备主要用于测定接触疲劳。高温疲劳和热疲劳试验则有专门的热疲劳试验机。

平流层飞艇囊体材料的疲劳试验属于低周疲劳,循环周期在 180 次以上,即考虑平流层飞艇的驻空时间最少在半年,可认为 24 小时经历一个温度循环,需开展加速试验,具体步骤包括:

(1) 设定疲劳试验的温度范围,略大于平流层温度变化区域。

(2) 设定疲劳试验的周期。循环周期的时间不应太小,如设定 4 小时一个周期,则 24 小时可连续进行 6 次循环。

(3) 设定总的循环时间,根据平流层飞艇服役时间确定总的循环时间。

**7. 高低温试验 (high-low temperature cycle test)**

通过囊体材料在高低温交变的环境下的循环试验,掌握高低温环境因素影响材料的老化机理和规律性,从而给出抵御和防止老化的有效措施,并进一步制订合理的耐久性试验模拟方案。

高低温试验设备主要是高低温交变湿热试验箱，先将材料加工成一定尺寸的拉伸试样，然后将其置于试验箱内进行不同时间的高低温循环试验，在不同的时刻将试样取出，对高低温试验前后的材料进行力学性能测试。

**8. 环境适应性试验 (environmental adaptability test)**

可分为地面环境试验和空间环境试验。

地面环境试验主要用于检验囊体材料在地面进行加工、存储、运输、维护等过程中受地面环境影响的情况。为表征囊体材料的地面环境适应性，可建立自然环境曝露试验装置，如图 3.18 所示。

(a) 加了负载的曝露试验架　　　　　　　　(b) 曝露试验架四周的挡风板

图 3.18　自然环境曝露试验装置

空间环境试验是指将囊体材料搭载在试验飞艇上，经过长时间的飞行试验来对囊体材料的空间环境适应性进行评估。空间环境试验时间久、成本高，较难达到真正的平流层环境试验要求，地面模拟试验可利用加速老化方法实现平流层环境参数模拟，是目前评估材料空间环境适应性常用的方法。

# 第 4 章　平流层飞艇能源分系统

## 4.1　蓄　电　池

**1. 锂离子蓄电池 (lithium ion battery)**

也称锂离子二次电池，以锂离子嵌入化合物为正负极活性物质，可重复进行多次充放电的电池。在充放电过程中，$Li^+$ 在正负极之间往返嵌入和脱嵌，也被形象地称为"摇椅电池"。

作为新一代高能绿色化学电源，锂离子蓄电池具有能量密度高、平均输出电压高、输出功率大、自放电小、循环性能优越 (无记忆效应)、充电效率高、可快速充放电、工作温度范围宽等优点。

**2. 锂离子蓄电池单体 (lithium ion cell)**

由正极、负极、隔膜、电解液以及外壳组成，典型形状为圆柱形和方形，封装外壳材质可以为钢壳、铝壳以及铝塑膜，组成结构如图 4.1 所示。

锂离子蓄电池单体正极活性物质一般为含有过渡金属元素 (Mn、Fe、Co、Ni)，并由各种金属元素按一定配比构成的含金属锂的氧化物或磷酸盐化合物，如 $LiCoO_2$、$LiNiO_2$、$LiCo_{1/3}Ni_{1/3}Mn_{1/3}O_2$、$LiMn_2O_4$ 和 $LiFePO_4$ 等；负极活性物质一般为石墨类化合物或锡基、硅基等化合物，如石墨、Sn 合金、Si 合金、$Li_4Ti_5O_{12}$ 等；隔膜一般由单层或多层聚合物 [如 (聚丙烯)PP、PE(聚乙烯)] 构成；电解液中电解质为含锂化合物，如 $LiPF_6$、$LiClO_4$、$LiAsF_6$、$LiBF_4$ 和 $LiN(CF_3SO_2)_2$ 等的有机溶液；溶剂由各种酯类化合物按照一定的配方和比例组成，主要有碳

酸乙烯酯 (EC)、碳酸丙烯酯 (PC)、碳酸二甲酯 (DMC)、碳酸二乙酯 (DEC) 和碳酸甲乙酯 (EMC) 等。

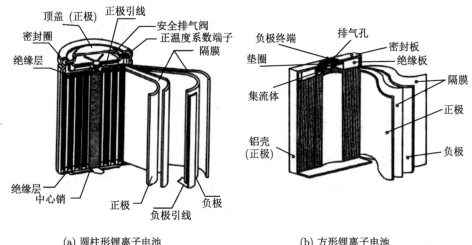

(a) 圆柱形锂离子电池                    (b) 方形锂离子电池

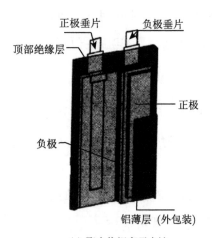

(c) 聚合物锂离子电池

图 4.1  典型锂离子单体电池结构

锂离子蓄电池单体的性能指标主要包括额定容量、标称电压、内阻、充电 (和放电) 倍率、荷电保持能力、循环寿命、贮存寿命、工作电流 (包括充电和放电)、质量比能量 (比功率)、体积比能量 (比功率)、自放电率、放电深度 (DOD)、荷电态 (SOC)、工作温度范围等。

### 3. 锂离子蓄电池组 (lithium ion battery pack)

由多个锂离子蓄电池单体通过串、并联的方式连接而成的，可直接使用的组合体，通常包括外壳、正负极端子，还可含有电子控制装置，如图 4.2 所示。

图 4.2　锂离子蓄电池组示意图

### 4. 锂硫蓄电池 (lithium sulfur battery)

以金属锂作为负极，单质硫或者含硫化合物作为正极的二次电池，反应机理如图 4.3 所示。在二次锂硫电池的放电过程中，金属锂被氧

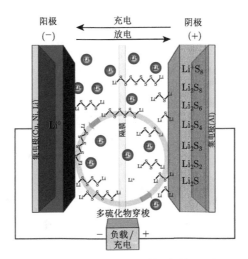

图 4.3　锂硫蓄电池的结构示意图

化，同时硫得到电子后与锂离子结合；在充电过程中，相反的反应发生。典型的锂硫电池放电过程有两个电压平台：2.3~2.4V 的高电压平台和 2.1V 左右的低电压平台。

**5. 锂硫蓄电池单体 (lithium sulfur cell)**

由正极、负极、隔膜、电解液以及外壳组成。锂硫蓄电池单体的性能指标主要包括额定容量、标称电压、内阻、充电 (和放电) 倍率、荷电保持能力、循环寿命、贮存寿命、工作电流 (包括充电和放电)、质量比能量 (比功率)、体积比能量 (比功率)、自放电率、放电深度、荷电态、工作温度范围等。

**6. 锂硫蓄电池组 (lithium sulfur battery pack)**

由一个或者多个锂硫蓄电池单体通过串、并联组合而成，是可直接使用的组合体，还包括外壳、极端和保护电路，如图 4.4 所示。串联是指将电池单体或电池的正极端子，依次与下一只单体电池或电池的负极端子相连接的方法，主要目的是提高蓄电池组的工作电压；并联是指将所有单体电池或电池的正极端子和负极端子各自连接在一起的方法，主要目的是增加蓄电池组的容量。

图 4.4　锂硫蓄电池组

### 7. 开路电压 (open-circuit voltage)

外电路没有电流流过时，电池正负极之间的电势差。开路电压可用电势差计精确测量，也可使用高阻伏特表测量，测量时须注意，测量仪表内不应有电流流过。

蓄电池组的开路电压等于外电路没有电流流过时，电池组正负极之间的电势差。

### 8. 工作电压 (operating voltage)

也称放电电压或负荷电压，或端电压，是电池处于工作状态时，即电池通过外线路向外提供电流时，电池电极之间的电势差。工作电压为电池实际输出的电压，低于开路电压。工作电压受电池放电时间、放电电流、环境温度、终止电压等影响。

蓄电池组的工作电压为电池组处于工作状态时，电池组正负极之间的电势差。

### 9. 内阻 (internal resistance)

化学电源的一个重要参数，包括欧姆内阻和极化内阻两部分。

欧姆内阻包括电解液的欧姆电阻，电极上的固相欧姆电阻和隔膜的欧姆电阻。电解液的欧姆电阻主要与电解液的组成、浓度、温度有关；电极上的固相欧姆电阻包括活性物质颗粒间电阻、活性物质与骨架间接触电阻及极耳、极柱的电阻总和，电极表面形成各种膜层时，如氧化膜(钝化膜)、沉积膜和吸附膜等，也会产生欧姆电阻，并可能成为欧姆内阻的主要部分；隔膜的欧姆电阻与电解质种类、隔膜的材料、孔率、孔径等因素有关。此外，欧姆内阻还与电池的电化学体系、尺寸、结构和成型工艺有关，装配越紧凑、电极间尽可能靠近，欧姆内阻就越小。

极化内阻是指电池工作时，正极和负极的极化引起的欧姆阻抗。极化包括电化学极化和浓差极化，在不同场合两种极化所起的作用不同，所占的比例也不同，主要与电极材料的本性、电极结构和制造工艺、使用条件等有关。

在电池工作时，内阻要消耗电池的能量。放电电流越大，消耗的能量越多。因此，内阻是表征电池性能的重要指标之一。

蓄电池的内阻除了本身内阻外，还包括连接蓄电池单体的连接条内阻，蓄电池单体极柱端子与连接条之间的内阻、电池之间连接导线内阻和连接线与电池端子之间的接触电阻等。

**10. 额定容量 (nominal capacity)**

设计和制造电池时，规定或保证电池在一定的放电条件下 (温度、放电制度) 应该放出的最大容量，如充满电的单体电池或蓄电池组，在 20℃ 下以 0.2C 的标准试验电流放电至规定的终止电压所放出的电量值。

**11. 平均电压与中值电压 (mean voltage and intermediate voltage)**

恒流放电过程中电池的工作电压积分平均值。

电池在某一特定温度、倍率下充电 (或放电) 至充电容量 (或放电容量) 50％时的工作电压值。

**12. 充电终止电压 (limited voltage in charge)**

电池充电时规定达到的最高充电电压，到达充电终止电压后充电过程应终止。

**13. 放电终止电压 (cut-off voltage)**

电池不宜再继续放电的最低工作电压。根据不同的放电条件及对容量、寿命的要求，规定的放电终止电压略有不同。一般原则是，低温或大电流放电时，电极过程的极化较大，电池电压在放电过程中下降较快，放电终止电压通常定得比较低，否则活性物质利用可能不充分；小电流放电时，电极过程的极化比较小，电池电压在放电过程中下降较慢，活性物质利用较充分，放电终止电压通常定得比较高。在能量、功率输出允许的条件下，相对较高的放电终止电压有助于延长电池 (电池组) 的循环寿命和贮存寿命。

### 14. 充电/放电倍率 (charge/discharge rate)

电池在规定时间内充满额定容量或者放完全部额定容量所需的电流值。例如，额定容量为 10A·h 的电池，如放电倍率为 1C，是指用 1h 放完额定容量，所需电流为 10A；如果 2h 放完额定容量，则放电倍率为 0.5C。

### 15. 荷电保持能力 (charge retention ability)

开路状态下，电池储存的电量在一定条件下的保持能力，主要受电池制造工艺、材料、储存条件等因素影响，是衡量电池性能的重要参数。荷电保持能力可以用容量保持率表示，容量保持率 = (储存前的放电容量－储存后的放电容量)/储存前的放电容量 (储存前后化学电源的容量测试条件包括环境温度、充放电电流等应完全一致)。

蓄电池组的荷电保持能力是指，开路状态下，蓄电池组储存的电量在一定条件下的保持能力。评估方法是，先将蓄电池组充放电循环一次，测量储存前的实际容量。再将完全放电态的蓄电池组充满电，在一定条件下存放数日后，以设定电流放电至规定的终止电压，得到储存后的放电容量。蓄电池组的荷电保持能力也可以用容量保持率表示。

### 16. 循环寿命 (cycle life)

电池在特定温度、倍率下进行充放电，放电容量下降至规定值时，已完成的充放电循环次数。锂离子电池的循环寿命与温度、充放电倍率、充电截止荷电态、放电深度等有直接关系，适宜的温度 (15~30℃)、较小的充放电倍率、较低的充电截止荷电态、较低的放电深度都有利于电池 (电池组) 循环寿命的延长。

**17. 贮存寿命 (storage life)**

电池或电池组在规定条件下的贮存期限，在该期限内电池可以保证提供规定性能的能力 (电池组贮存期间的使用次数、频率不限)。正常情况下的贮存寿命内，需要对电池 (电池组) 进行定期维护，同时应根据实际条件对贮存温度、湿度以及荷电态提出要求。

**18. 荷电态 (state of charge，SOC)**

电池组在一定的放电条件下，剩余电量与相同条件下额定容量的比值。主要用来反映电池容量的变化。

**19. 放电深度 (depth of discharge，DOD)**

电池组放电程度的一种量度，定义为电池组放出的容量与电池组额定容量的百分比。

**20. 比能量 (specific energy)**

单位质量电池 (电池组) 所能提供的有效电能量，用瓦时每千克 (W·h/kg) 表示，是在与额定容量测试相同条件下，电池 (电池组) 进行放电测试得到的能量值与电池质量的比值，是评价电池性能的重要指标之一。由于电池组合时通常有连接片、导线、外部容器和结构件等，电池组的质量比能量总是小于单体电池的质量比能量。

**21. 比功率 (specific power)**

电池 (电池组) 按指定倍率放电，实际输出功率与电池质量的比值。单位是瓦每千克 (W/kg)，是评价电池性能的重要指标之一。由于电池组合时通常有连接片、导线、外部容器和结构件等，电池组的质量比功率总是小于单体电池的质量比功率。

## 22. 能量密度 (energy density)

单位体积电池所能提供的有效电能量，常用单位为瓦时每升 (W·h/L)。由于电池组合时通常有连接片、导线、外部容器和结构件等，电池组的体积比能量总是小于单体电池的体积比能量。

## 23. 功率密度 (power density)

电池 (电池组) 按指定倍率放电，实际输出功率与电池 (电池组) 体积的比值。单位是瓦每升 (W/L)。由于电池组合时通常有连接片、导线、外部容器和结构件等，电池组的体积比功率总是小于单体电池的体积比功率。

## 24. 电池安全性 (battery safety)

在制造、贮存和使用过程中，保证人身与环境免遭危害的程度。电池的安全性评估主要包括：短路、过充电、过放电、振动、挤压、温度冲击、针刺和枪击等。一般对单体电池进行短路、过充电、挤压、针刺的安全性测试，要求不起火、不爆炸。对蓄电池组的安全性测试，要求在短路、过充电和过放电的情况下不起火、不爆炸；50m 距离枪击试验，要求蓄电池组被击中后不起火、不爆炸，但允许泄漏排气。

## 25. 电池组能量效率 (energy efficiency of battery pack)

蓄电池组在一定条件下放电时所输出的能量与此前充电时充入能量的百分比。

## 26. 密封性 (sealing performance)

电池保持内部压力以及内部固体、气体、液体成分和含量不变的能力，通常以漏率 ($Pa·m^3/s$) 表示。

**27. 高低温性能 (high temperature performance; low temperature performance)**

单体电池 (电池组) 在特定的高温或低温条件下，以规定的电流或功率进行放电的能力。

**28. 电池组力学性能 (mechanic performance of battery pack)**

电池组对特定力学环境 (包括冲击、振动、跌落等) 的耐受能力。

**29. 环境控制 (environment control)**

单体电池保持自身温度或电池组保持其内部温度维持在适宜电池充放电的范围内，以保证其输入及输出特性的方法或装置。环境控制方案的制订及装置的设计与电池 (电池组) 工作温度、气压环境有直接关系。

## 4.2　再生燃料电池

**1. 再生燃料电池储能系统 (regenerative fuel cell system for energy storage)**

利用质子交换膜燃料电池和电解池，实现以水为媒介的氢能存储和转化供应的装置。主要包含发电子系统、电解子系统、氢氧储存子系统、再生燃料电池测控子系统以及再生燃料电池环控子系统。其中，发电子系统由质子交换膜燃料电池和发电辅助系统组成，电解子系统由质子交换膜水电解池和电解辅助系统组成。

**2. 质子交换膜燃料电池 (proton exchange membrane fuel cell)**

用质子交换膜作电解质隔膜的电化学发电单元 (图 4.5)。工作原理是：氢气和氧气分别通入到电池的阳极和阴极后，氢气在阳极催化剂的催化作用下，转化为质子和电子，电子在电场作用下由外电路导出做功；

质子则以水合质子 $H^+(H_2O)_n$ 的形式在电场作用下通过质子交换膜迁移到阴极侧，与氧气和外电路导入的电子反应生成水。此外，由于阳极和阴极两电极反应效率低于100％以及电池电阻存在，在电池反应过程中伴有一定的热量，需要通过适当的冷却方式散除。

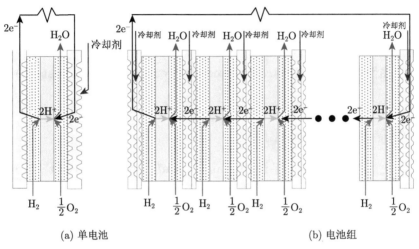

(a) 单电池          (b) 电池组

图 4.5 质子交换膜燃料电池原理示意图

### 3. 辅助系统 (auxiliaries system)

发电子系统中保证燃料电池安全高效工作的辅助部分，主要包含用于氢氧气及水介质供应管理的水泵、阀门、气液分离器、热交换器以及氢氧回收器等。

### 4. 质子交换膜水电解池 (proton exchange membrane water electrolyzer pool)

用质子交换膜作电解质隔膜的电化学电解单元。工作原理是：首先将超纯水 (去离子水，电阻率 $>1M\Omega\cdot cm$) 送入水槽，在外部通电条件下，水在阳极催化剂层分解，电解形成的负氧离子在阳极释放电子，形成氧气，从阳极室排出。超纯水在阳极分解产生的质子以水合离子

$H^+(H_2O)_n$ 的形式，通过质子交换膜到达阴极，质子得到电子形成氢气，从阴极室排出。

**5. 电解辅助系统 (auxiliary system of electrolytic cell)**

电解子系统中保证电解池安全高效工作的辅助部分，主要包含用于氢氧气及水介质供应管理的泵机组、阀门、气液分离器、热交换器等。

**6. 氢氧储存子系统 (hydrogen and oxygen storage subsystem)**

再生燃料电池储能系统中用于储存氢气、氧气的部分，主要包含氢储罐、氧储罐以及配套阀门等。

**7. 再生燃料电池测控子系统 (measure and control subsystem of regenerative fuel cell system)**

再生燃料电池储能系统中用于参数及工况检控以及电力变换的部分，主要包含控制器、变换器以及相应传感器等。

**8. 再生燃料电池环控子系统 (environment control subsystem of regenerative fuel cell system)**

再生燃料电池储能系统中供应与管理直接与外部环境进行热交换的液体介质的部分。主要包括液体介质储箱及循环泵、阀门、内部温控装置以及外部风冷散热组件等。

**9. 再生燃料电池系统输出功率 (output power of regenerative fuel cell system)**

再生燃料电池储能系统输出的净功率为燃料电池输出功率与发电过程再生燃料电池储能系统自身消耗功率之差。

**10. 再生燃料电池系统输出能量 (output energy of regenerative fuel cell system)**

再生燃料电池储能系统输出的总能量为再生燃料电池储能系统输出功率在发电工作时间内的积分。

**11. 再生燃料电池系统输入功率 (input power of regenerative fuel cell system)**

向再生燃料电池储能系统输入的总功率，为电解池输入功率与电解过程再生燃料电池储能系统自身消耗功率之和。

**12. 再生燃料电池系统输入能量 (input energy of regenerative fuel cell system)**

向再生燃料电池储能系统输入的总能量，为再生燃料电池储能系统输入功率在电解工作时间内的积分。

**13. 发电子系统效率 (efficiency of power subsystem)**

发电过程中再生燃料电池储能系统自身对能量转换的影响程度，为再生燃料电池储能系统输出能量与燃料电池输入能量之比。

**14. 燃料电池效率 (efficiency of fuel cell stack)**

燃料电池将氢的化学能转化为电能的比例，为燃料电池输出能量与提供氢气总焓值之比。

**15. 燃料电池寿命 (fuel cell stack lifetime)**

额定工况下，燃料电池平均单节电压衰减至初始值的 85% 的累计时间。

**16. 燃料电池平均无故障时间 (mean time between failure of fuel cell)**

相邻两次故障之间的平均工作时间，规定产品在总的使用阶段累计工作时间与故障次数的比值为 MTBF，是衡量电池可靠性的指标，单位为小时。MTBF 仅适用于可维修的质子交换膜燃料电池，目前最通用的权威性计算标准是 MIL-HDBK-217 (美国国防部可靠性分析中心及 Rome 实验室提出，专门用于军工产品)、GJB/Z299B(中国军用标准)和 Bellcore (AT&T Bell 实验室提出)。

MTBF 计算中，主要考虑燃料电池中每个零部件的失效率。由于各个零部件在不同的环境、不同的使用条件下失效率会有很大区别，在计算可靠性指标时，必须考虑这些因素。

**17. 燃料电池质量比功率 (specific power of fuel cell stack)**

在规定测试条件下，燃料电池的输出功率与其质量的比值，单位：W/kg。

**18. 电解子系统效率 (efficiency of electrolyzer subsystem)**

在电解过程中，再生燃料电池储能系统自身对能量转换的影响程度，为电解池输入能量与再生燃料电池储能系统输入能量之比。

**19. 电解池效率 (efficiency of electrolyzer)**

电解池将输入电能转化为氢能的比例，为氢气的总焓值与其输入能量之比。

**20. 电解池寿命 (electrolyzer lifetime)**

额定工况下，电解池平均电压上升为初始值 115%的累计时间。

**21. 电解池平均无故障时间 (mean time between failures of electrolyzer)**

电解池两次相邻故障之间的平均时间，记为 MTBF，仅适用于可维修的电解池。目前最通用的权威性计算标准是 MIL-HDBK-217、GJB/Z299B 和 Bellcore。

**22. 电解池产氢质量比 (mass ratio of hydrogen production)**

在规定的工作条件下，质子交换膜水电解池模块 1h 内产生标准状态下氢气的质量和电解池模块质量的比值。

**23. 氢、氧储罐质量比 (mass ratio of hydrogen or oxygen storage tank)**

储罐单位质量的介质储存能力，为储存介质的质量与储罐质量之比。

**24. 氢、氧储罐体积比 (volume ratio of hydrogen or oxygen storage tank)**

储罐单位体积的介质储存能力，为储存介质的质量与储罐体积之比。

**25. 氢、氧储罐漏率 (leak rate of hydrogen or oxygen storage tank)**

单位时间内由氢、氧储罐泄漏的气体质量。

**26. 氢、氧储罐寿命 (hydrogen or oxygen storage tank lifetime)**

储罐从启用开始至达到规定失效状态的循环使用总次数，为总体泄漏量、疲劳应力 (应变) 等超过规定值前的使用总次数。

**27. 再生燃料电池系统比能量 (specific energy of regenerative fuel cell system)**

再生燃料电池储能系统单位质量的储能能力，为再生燃料电池储能系统输出能量与再生燃料电池储能系统质量之比。

**28. 再生燃料电池系统效率 (efficiency of regenerative fuel cell system)**

再生燃料电池储能系统将输入能量转化为输出能量的能力，为再生燃料电池储能系统输出能量与输入能量之比。

**29. 再生燃料电池系统寿命 (regenerative fuel cell system lifetime)**

额定功率下再生燃料电池储能系统效率从额定值下降至 85% 的累计工作时间。

**30. 再生燃料电池系统平均无故障时间 (mean time between failures of regenerative fuel cell system)**

在寿命周期内因系统外部或其自身因素导致再生燃料电池储能系统发生可修复性故障的平均时间间隔，取多次可修复故障时间间隔的平均值，记为 MTBF，目前最通用的权威性计算标准是 MIL-HDBK-217、GJB/Z299B (中国军用标准) 和 Bellcore。

## 4.3   太 阳 电 池

**1. 柔性太阳电池 (flexible solar cell)**

具有一定形变能力，可将太阳辐射能直接转换成电能的器件 (图4.6)。

图 4.6   柔性太阳电池

**2. 柔性太阳电池单体 (flexible solar cellunit)**

基于柔性衬底的电池制备，具有一定尺寸和电性能输出的最小发电单元，是柔性太阳电池阵中最基本的构成单元。

**3. 柔性太阳电池组件 (flexible solar cell module)**

由若干个柔性太阳电池单体，按照一定方式串、并联组成的，具有封装和内部连接的，能独立提供电性能输出的太阳电池组合装置 (图4.7)。

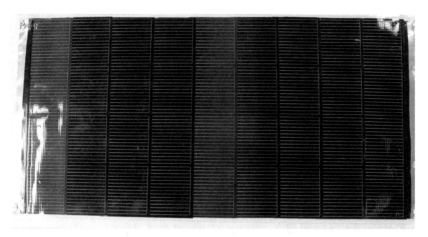

图 4.7 柔性太阳电池组件

**4. 柔性太阳电池阵 (flexible solar array)**

由若干个柔性太阳电池组件或太阳电池模块在机械和电性能上按照一定的串、并联方式组装在一起，并由一定的支撑结构构成的直流发电单元 (图 4.8)。

**5. 柔性太阳电池面积 (area of flexible solar cell)**

柔性太阳电池根据正面投影或者反射所测定的电池总面积。

图 4.8 柔性太阳电池阵

**6. 柔性太阳电池阵面积 (area of flexible solar array)**

柔性太阳电池阵根据正面投影或者反射所测定的电池总面积 (包括边缘、框架和任何突出物的正面投影)。

**7. 柔性太阳电池阵有效面积 (practical area of flexible solar array)**

组成柔性太阳电池阵的单个太阳电池面积乘以电池数量。

**8. 柔性太阳电池阵质量 (weight of flexible solar array)**

组成柔性太阳电池阵的太阳电池、衬底、表面封装材料、粘接剂、焊接材料、导线、电连接器等部件或材料的总质量。

**9. 柔性太阳电池阵质量比功率 (specific power of flexible solar array)**

在规定测试标准条件下，测试得到的柔性太阳电池阵的输出功率与柔性太阳电池阵质量的比值，单位为 W/kg。

**10. 柔性太阳电池阵面密度 (face density of flexible solar array)**

柔性太阳电池阵质量与柔性太阳电池阵包含边沿的全部面积的比值，单位为 $kg/m^{-2}$。

**11. 柔性太阳电池阵光电转换效率 (photoelectric conversion efficiency of flexible solar array)**

在规定的测试条件下，柔性太阳电池阵的最大输出功率与入射到太阳电池阵面积上的全部辐射功率的百分比，计算公式如下：

$$C = A/(B \times D)$$

式中，$A$ 为柔性太阳电池阵的最大输出功率，单位为 W；$B$ 为入射到太阳电池阵上的太阳辐射强度，单位为 $W/m^2$；$D$ 为柔性太阳电池阵面积，单位为 $m^2$。

**12. 柔性太阳电池阵实际光电转换效率 (practical photoelectric conversion efficiency of flexible solar array)**

在规定的测试条件下，柔性太阳电池阵的最大输出功率与入射到太阳电池阵有效面积上的全部辐射功率的百分比，计算公式如下：

$$C = A/(B \times D)$$

式中，$A$ 为柔性太阳电池阵的最大输出功率，单位为 W；$B$ 为入射到太阳电池阵上的太阳辐射强度，单位为 $W/m^2$；$D$ 为柔性太阳电池阵有效面积，单位为 $m^2$。

**13. 电流温度系数 (current temperature coefficient)**

在规定的测试条件下，被测太阳电池温度每变化 1℃，单位太阳电池面积短路电流的变化值，单位 $mA \cdot cm^{-2}{}^{\circ}C^{-1}$，其中，短路电流指柔性太阳电池单体在端电压为零时的输出电流。

**14. 电压温度系数 (voltage temperature coefficient)**

在规定的测试条件下，被测太阳电池温度每变化 1℃，太阳电池开路电压的变化值，单位 mV/℃，其中开路电压是指柔性太阳电池单体在空载 (开路) 情况下的端电压。

**15. 柔性太阳电池阵寿命 (lifetime of flexible solar array)**

太阳能电池阵在使用过程中的性能衰减幅度不大于设计要求所经历的平均时间周期。

**16. 柔性太阳电池阵性能衰减 (performance degradation of flexible solar array)**

太阳电池阵列在使用过程中出现的最佳功率点输出 (规定测试条件下) 下降的现象。

**17. 柔性太阳电池阵可靠性 (reliability of flexible solar array)**

柔性太阳电池阵在临近空间条件下，在规定的寿命周期内正常工作的能力。

**18. 柔性太阳电池阵力学性能 (mechanical performance of flexible solar array)**

柔性太阳电池 (电池阵) 在临近空间力学环境下的承受能力。表征力学性能的参数包括抗拉强度、抗撕裂强度、抗风强度、抗疲劳强度等。

## 4.4    能源管理器

**1. 能源控制器 (power condition system)**

平流层飞艇能源系统中用于调控发电、储能和用电的设备，主要功能是协调太阳电池、储能电池系统工作，控制协调太阳电池产生能量的分配。在光照期间，将太阳电池产生的多余电能对储能电池进行充电；在光照不足或者负载用电高峰期间，释放储能电池系统的能量，确保平流层飞艇飞行过程中母线电压稳定在规定范围内。

**2. 蓄电池充电调节器 (battery charge regulator)**

限制或改变储能系统的充电电流的仪器设备。根据储能系统的充电特性，为其提供合适的充电电流和充电终止控制，防止储能系统过电流充电、充电不足和过充电等。

**3. 蓄电池放电调节器 (battery discharge regulator)**

调节储能系统输出的放电电压，对输出负载进行过压和过流保护的仪器设备。放电调节器属于 DC/DC 变换器电路，通过调节，将储能系统的非固定电压 (或电源电压) 变换成稳定的直流电压，并提供负载所需的功率。

调节器有非隔离和隔离两种设计方式。对于输入、输出电压要求，放电调节器可以采用升压电路 (boost 或 super boost) 和降压电路 (buck 或 super buck) 设计，为改善系统技术性能，通常选用前者。为提高放电调节器的可靠性，工程上通常采用并行冗余设计。调节器设计要求效率高，负载调整率、输入电压调整率好，动态特性好，输出纹波 (噪声) 低，重量轻，性价比高等。

**4. 分流调节器 (shunt regulator)**

用于调节母线电压的仪器设备，分为线性分流调节器和开关分流调节器。

分流调节器的功能是，在光照区依据母线误差电压，调节太阳电池阵的输出功率，使太阳电池阵的供电功率与搭载仪器负载功率保持平衡，太阳电池阵多余电功率自行耗散；同时，通过调节使光照区的母线电压连续受调。分流调节器设计要求效率高，稳定性好，输出纹波电压低，动态特性好。

**5. 电源变换器 (power convertor)**

属于电功率变换装置，为适应艇上负载的需求进行电源变换，即将母线电压转换为负载需要的工作电压。可分为两种类型，DC/DC 和 DC/AC。

**6. 能源控制器功耗 (dissipation of power condition system)**

能源控制器输入功率与输出功率的差额。通常指能源控制器中元器件上耗散的热能及能源控制器自身所需的电源功率。

**7. 能源控制器质量比功率 (specific power of power condition system)**

能源控制器输出的功率与总质量之比，单位为 W/kg。

**8. 能源控制器体积比功率 (volumetric specific power of power condition system)**

能源控制器输出的功率与总体积之比，单位为 $W/m^3$。

**9. 电源变换效率 (power convertor efficiency)**

电源变换器输出功率与输入功率之比。即电源变换器所有输出路数的功率 (第 $i$ 路输出电压和第 $i$ 路输出电流的乘积) 之和与电源变换器输入功率 (输入电压和输入电流的乘积) 之和的比值。

**10. 能源控制器充电效率 (charge efficiency of power condition system)**

在一定条件下，能源控制器能够提供给储能系统充电的能量与储能系统实际的充电能量之比。可通过充电调节器输出功率与输入功率之比进行计算。即充电调节器输出电压和输出电流的乘积，除以充电调节器输入电压和输入电流的乘积。

**11. 能源控制器放电效率 (discharge efficiency of power condition system)**

在一定条件下，通过能源控制器被载荷消耗的能量与储能系统所放出的实际能量之比。可通过放电调节器输出功率与输入功率之比计算。即放电调节器输出电压和输出电流的乘积，除以放电调节器输入电压和输入电流的乘积。

**12. 能源控制器寿命 (lifetime of power condition system)**

能源控制器正常工作直到完全不能使用为止的时间，能源控制器从测试验收后投入使用直到不能继续使用所经历的总时间。

**13. 能源控制器平均无故障时间 (mean time between failures of power condition system)**

在寿命周期内因系统外部或其自身因素导致系统发生可修复性故障的平均时间间隔，为多次可修复故障时间间隔的平均值，用 MTBF 表示，目前最通用的权威性计算标准是 MIL-HDBK-217、GJB/Z299B(中国军用标准) 和 Bellcore。

**14. 过流保护 (overcurrent protection)**

输出电流超过预定的最大值时，对电源或负载进行断电或给出报警信号。

**15. 过压保护 (overvoltage protection)**

输出端的电压超过预定的最大值时，对负载进行断电或使受控设备电压降低。

# 第 5 章　平流层飞艇推进分系统

## 5.1　组　成

**1. 螺旋桨装置 (propeller device)**

利用电机带动桨叶在空气中旋转产生推力或拉力，为飞艇提供驻留和机动飞行的动力装置，主要包括桨叶、桨毂、变矩机构及其连接附件等。按桨叶桨距角是否可调，可分为定距螺旋桨和变距螺旋桨。平流层飞艇螺旋桨装置设计的主要难点在于：① 由于高高空 (20~30km) 与地面空气密度差异较大，螺旋桨气动效率难以兼顾高低空性能；② 螺旋桨在高空属于低雷诺数范畴，随高度的增加其非定常/非线性特征明显。

**2. 变桨距装置 (pitch variation device)**

借助液压或机电系统，调节控制桨叶安装角变化的装置。

**3. 电机装置 (motor device)**

依据电磁感应定律实现电能转换或传递的一种电磁装置，包括低速直接驱动电机装置和高速带减速器驱动电机装置两种类型。平流层飞艇的电机装置，用于驱动螺旋桨工作，与其一同构成推进系统。

电机装置由电机本体和驱动控制器组成。电机本体又可分为定子和转子两个基本部分，定子和转子之间有一定气隙，此外还包括端盖、轴承、接线盒、吊环等附件。传统电机装置既可以用作电动机，也可以用作发电机，电动机 (motor) 也称马达，在电路中用字母 "M" (旧标准用 "D") 表示，发电机 (generator) 在电路中用字母 "G" 表示。

**4. 直接驱动电机 (direct drive motor)**

电机装置输出大扭矩和低转速，不需经过传动装置 (如传动皮带、减速器等)，可直接驱动螺旋桨或其他负载工作的电机。

**5. 减速驱动电机 (geared drive motor)**

电机装置输出小扭矩和高转速，通过减速器驱动螺旋桨或其他负载工作。一般为高转速低扭矩电动机。

**6. 减速器 (gearbox)**

用于降低电机转速、传递动力、增大电机转矩的独立传动部件。按减速比是否调节，分为定减速比减速器和变减速比减速器。

**7. 驱动控制器 (motor driver)**

用于将直流电转换为电机旋转所需的电能，并能精确控制电机转速，检测电机母线电流、电压、转速、转矩的装置。

**8. 矢量推进系统 (thrust vector system)**

借助液压或机电系统，可控制推力轴线变化的推进系统。矢量推进系统不仅可提供飞行推力，还可提供姿态控制力。

# 5.2　性　　能

**1. 推进系统输入功率 (input power of propulsion system)**

能源系统输出给推进系统的功率，分为额定输入功率和峰值输入功率。额定输入功率是指，推进系统在临近空间环境下可持续工作且效率最高的输入功率；峰值输入功率是指，推进系统在临近空间环境下可短时工作 (根据实际情况，可选持续时间为 5 分钟或 30 秒) 且不会导致损坏的最大输入功率。

**2. 推进系统输出功率 (output power of propulsion system)**

螺旋桨对空气做的有用功，即能使飞艇前进的有用功率，简称功率，根据螺旋桨拉力与飞艇飞行速度的乘积来计算。额定功率是指推进系统在临近空间环境下可持续工作且效率最高的功率；峰值功率是指推进系统在临近空间环境下可短时工作 (根据实际情况，可选持续时间为 5 分钟或 30 秒) 而不会导致损坏的最大功率。

**3. 推进系统效率 (efficiency of propulsion system)**

推进系统输出功率与输入功率的比值。推进系统效率与高度、速度、前进比等因素有关。

**4. 推进系统推力 (thrust of propulsion system)**

螺旋桨在电机驱动下旋转对空气做功产生的作用力，可使飞艇沿作用力方向运动，推力曲线随高度、速度、前进比等变化。

**5. 推进系统推重比 (thrust to weight ratio of propulsion system)**

推进系统推力与其重量的比值。

**6. 推进系统重量 (weight of propulsion system)**

包括电机装置重量和螺旋桨装置重量。

**7. 短时过载 (instant load)**

推进系统在临近空间环境下可短时工作 (持续时间 5 分钟) 而不会导致损坏的最严重状态，主要包括功率短时过载，转矩短时过载。

**8. 结构尺寸 (dimension of the structure)**

能完全包络推进系统 (包括旋转空间) 的长方体空间尺寸，主要考虑推进系统与飞艇艇体之间的几何相容性条件。

**9. 安装方式 (installation style)**

推进系统与飞艇的机械连接形式。安装方式应保证推进系统安全可靠地固定在飞艇上，且在螺旋桨旋转及推进系统矢量推力变化时，不会与飞艇艇体干涉。安装方式分为端面法兰连接，支座连接，卡箍吊装连接等。

**10. 直流母线电压 (DC bus voltage)**

电源系统加载在电机驱动控制器输入端的直流电压。

**11. 系统可靠性 (system reliability)**

一般用推进系统平均无故障工作时间 (MTBF) 来衡量，主要取决于电机装置的 MTBF。

**12. 转向 (rotating direction)**

主要规定从电机看螺旋桨旋转的方向。若为拉力桨，右旋为正，左旋为负；若为推力桨，左旋为正，右旋为负。

**13. 启动后加速时间 (acceleration time after starting)**

推进系统转速从 30r/min 加速到额定转速所需的时间。

**14. 启动时加速时间 (acceleration time during starting)**

推进系统转速从 0 加速到 30r/min 所需的时间。

**15. 转速控制精度 (rotating speed control accuracy)**

额定稳态工作条件下，电机实际输出转速和控制要求转速差值的绝对值。例如，控制要求转速为 340r/min 时，实际输出转速一般应在 335~345r/min。

**16. 推进系统环控 (environment control for propulsion system)**

推进系统在临近空间环境下长期工作运行的自我保护方式，主要包括散热、润滑、保温和冷启动等。

**17. 冷启动 (cold start)**

推进系统在临近空间环境下停止运行 12 小时后，重新启动运行的能力。

**18. 制动 (brake)**

螺旋桨在风车状态下的自锁和刹车能力，主要反映推进系统的二四象限控制能力。

**19. 控制通信接口 (communication interface)**

推进系统与上位控制计算机间的数字总线或模拟接口。数字总线接口一般包括 CAN，RS422，RS485，RS232，1553B，光纤等。

**20. 系统监测 (system state monitor)**

推进系统评估预测自身状态与参数变化的能力。主要监测参数包括母线电压、电流、转速、关键部位温度、故障码等。

**21. 推进系统寿命 (lifetime of propulsion system)**

推进系统从投入运行开始，一直到不能继续服役所经历的总时间。

**22. 维修时间 (maintenance time)**

推进系统平均修复时间。

**23. 推进系统安全系数 (safety factor of propulsion system)**

推进系统许用应力与实际应力的比值，为推进系统结构的安全储备指标。

**24. 拉力桨 (pulling propeller)**

螺旋桨旋转时产生的轴向力方向背向电机。

**25. 推力桨 (pushing propeller)**

螺旋桨旋转时产生的轴向力方向指向电机。

# 5.3 螺 旋 桨

**1. 设计转速 (designed rotating speed)**

螺旋桨工作状态下效率最高点的转速。

**2. 螺旋桨直径 (diameter of propeller)**

过桨尖且垂直于桨叶轴线的平面至螺旋桨旋转轴线距离的两倍。

**3. 螺旋桨桨叶几何参数 (geometric parameter of propeller blad)**

螺旋桨桨叶几何参数包括：螺旋桨直径、相对弦长、相对厚度、桨叶切面安装角、桨叶安装角、桨叶扭角。

相对弦长是指桨叶切面弦长与螺旋桨直径之比；相对厚度是指桨叶切面厚度与该切面弦长之比；桨叶切面安装角是指桨叶切面的弦线与螺旋桨旋转平面所成的角度；桨叶安装角是指指定的桨叶切面安装角，通常为相对半径 2/3 或 0.7 或 0.75 处；桨叶扭角是指桨叶切面安装角与桨叶安装角之差。

**4. 桨叶数 (number of blade)**

螺旋桨所包含的叶片的数目，桨叶数应在型号规范中规定。

**5. 桨距角 (pitch angle)**

桨叶剖面的安装角，桨叶任意半径处剖面弦线与螺旋桨旋转平面之间的夹角。

**6. 前进比 (advance ratio)**

也叫进速比，螺旋桨轴向速度对转速与螺旋桨直径乘积之比，即 $J = \dfrac{v_\infty}{nD}$。

**7. 拉力系数 (thrust coefficient)**

表征拉力的无因次量，是螺旋桨拉力对空气密度、转速的二次方、螺旋桨直径四次方乘积之比，即 $C_T = \dfrac{T}{\rho n^2 D^4}$。

**8. 转矩系数 (torque coefficient)**

表征转矩的无因次量，是螺旋桨转矩对空气密度、转速的二次方、螺旋桨直径五次方乘积之比，即 $C_Q = \dfrac{Q}{\rho n^2 D^5}$。

**9. 功率系数 (power coefficient)**

表征功率的无因次量，是螺旋桨轴功率对空气密度、转速的三次方、螺旋桨直径五次方乘积之比，即 $C_P = \dfrac{P}{\rho n^3 D^5}$。

**10. 径向力系数 (radial force coefficient)**

表征螺旋桨工作时桨叶径向力的无因次量。

**11. 变距桨 (variable pitch propeller)**

桨叶剖面安装角可变的螺旋桨。

**12. 螺旋桨重量 (weight of propeller)**

包括叶片、桨毂及变矩机构的重量。在满足螺旋桨功能、强度、刚度和动力学设计要求的前提下，螺旋桨重量应尽量轻。

**13. 螺旋桨转动惯量 (rotation inertia)**

螺旋桨重量与半径平方的乘积对螺旋桨旋转轴的积和，单位为 $\text{kg·m}^2$。

**14. 动平衡 (dynamic balance)**

螺旋桨在高速旋转过程中，由于各桨叶质心不在同一旋转面上，以及各桨叶气动力不完全一致，各桨叶气动力合力作用点偏离旋转中心，产生动不平衡，用力偶矩不平衡量表示。

**15. 静平衡 (static balance)**

在螺旋桨旋转平面内，螺旋桨总重与重心对旋转中心的距离之积。螺旋桨静平衡调整之前，应先对桨叶、桨毂、整流罩的静平衡进行调节。螺旋桨静平衡量可按标准 GB/T 9239.1—2006。

**16. 推重比 (thrust to weight ratio)**

螺旋桨额定推力与螺旋桨重量之比。

**17. 固有频率 (inherent frequency)**

螺旋桨在电机驱动作用下旋转工作时，桨叶发生自然振动的频率。螺旋桨工作转速范围内，桨叶的固有频率与电机装置长时旋转产生的激振频率应错开，避免产生共振。

**18. 螺旋桨安全系数 (safety factor of propeller)**

工程结构设计中，反映螺旋桨结构安全程度的系数。对于金属材料，设计安全系数不小于 1.5；对于复合材料，设计安全系数不小于 3。

**19. 矢量推进性能 (performance of thrust vector)**

螺旋桨可在一定的摆角范围内提供推力的能力。

**20. 结构力学性能 (structure mechanical performance)**

通常用静强度 (如刚度、变形) 和疲劳强度等特性衡量。

**21. 形状精度 (shape accuracy)**

通常用型面加工精度、径向加工精度、典型剖面桨距角加工精度等指标衡量。

## 5.4　电　　机

**1. 电机额定转矩 (rated torque of motor)**

在规定条件下，电机轴端输出的转矩，即电机连续稳定运行所能输出的最大转矩。这种工况条件下，电机绕组温度和驱动器功率器件温度不会超过允许的最高运行温度，电动机或驱动控制器不会损坏。

**2. 电机额定转速 (rated speed of motor)**

电机装置在规定输入条件下负载运行时的稳态转速。

**3. 电机峰值转矩 (peak torque of motor)**

在规定条件下，电机装置所能输出的最大转矩。在峰值转矩工况下，短时工作不会引起电机损坏或性能不可恢复。

**4. 电机额定功率 (rated power of motor)**

在规定条件下，电机装置正常工作时的功率。额定功率值等于电机装置的额定电压乘以额定电流，常以"千瓦"为单位。在平流层飞艇推进系统中，额定功率一般指电机装置的输入功率。

**5. 电机效率 (efficiency of motor)**

额定条件下，电机装置输出功率和输入功率之比。

**6. 电机重量 (weight of motor)**

电机装置的总质量，包括电机本体和驱动控制器的质量。

**7. 功率密度 (power per unit mass)**

电机装置额定功率与总质量比，也称比功率，是电机装置动力性能的一个综合指标。

**8. 机械接口 (mechanical linkage)**

螺旋桨装置的机械输入端与电机装置的机械输出端之间的连接形式。包括前后锥套加花键、法兰盘、带端面齿的法兰盘、螺纹加锥面等几种形式。

**9. 电气接口 (electric interface)**

电机装置驱动控制器与控制总体、能源系统和电机本体之间的电气连接形式，分为强电部分和弱电部分。强电部分电气接口指连接电机输入端和驱动控制器输出端的接口，以及能源系统和驱动控制器输入端的接口；弱电部分电气接口指驱动控制器和能源弱电部分接口，驱动控制器和位置传感器的接口，以及驱动控制器和上位机通信之间的接口，通信接口包括数字 (RS422，1553B，CAN 总线) 和模拟两种形式。

**10. 绝缘电阻 (insulation resistant)**

加直流电压于电介质，经过一定时间极化过程后，流过电介质的泄漏电流对应的电阻。在正常气候条件下或 $(-55 \pm 2)$℃ 条件下，电机各绕组之间、绕组对外壳、导电部分对外壳的绝缘电阻不小于 $50\text{M}\Omega$。

**11. 绝缘介电强度 (dielectric withstanding voltage)**

材料作为绝缘体时的电强度的量度，定义为试样被击穿时，单位厚度承受的最大电压，表示为伏特每单位厚度。物质的绝缘介电强度越大，它作为绝缘体的质量越好。

**12. 温升 (temperature rising)**

电机装置在额定运行状态下，定子绕组的温度高出环境温度的数值 (环境温度按具体系统要求规定)。

电机的额定温升是指在设计规定的环境温度下，绕组的最高允许温升，取决于绕组绝缘等级。

电机温度是指各部分实际发热温度，它对电机的绝缘材料影响很大，温度过高会使绝缘老化，缩短电动机寿命，甚至导致绝缘破坏。为使绝缘不致老化和破坏，对电机绕组等各部分温度作了限制，这个限制就是电机的允许温度。

$$\theta = T_2 - T_1$$

式中，$\theta$ 为温升；$T_1$ 为实际冷却状态下的绕组温度 (即环境温度，室温不允许超过 40℃)；$T_2$ 为发热状态下绕组的温度。

**13. 转速波动系数 (coefficient of rotating speed fluctuation)**

在规定条件下电机稳态运行时，转速波动系数 $K_{fn}$ 用百分数表示为

$$K_{fn} = \frac{n_{max} - n_{min}}{n_{max} + n_{min}} \times 100\%$$

式中，$K_{fn}$ 为转速波动系数；$n_{max}$ 为瞬时转速的最大值，单位为转每分 (r/min)；$n_{min}$ 为瞬时转速的最小值，单位为转每分 (r/min)。

**14. 转子转动惯量 (rotation inertia of rotor)**

相对于转轴旋转中心的转子惯性矩。

**15. 电机电磁兼容性 (electromagnetic compatibility of motor)**

电机装置在其电磁环境中能正常工作且不对任何部件构成不能承受的电磁干扰的能力。

### 16. 环境特性 (environmental characteristic)

电机装置工作、储存、运输的环境条件及其具体参数的变化情况，包括大气温度变化、气压变化、存储条件、霉菌生长、振动、湿度、盐雾环境、冲击、加速度以及防水能力。

### 17. 永磁同步电机 (permanent magnet synchronous motor)

驱动电流为正弦波的永磁无刷电动机。在控制系统作用下，综合输入指令和转子位置检测信号，由输入绕组电流的幅值频率和相位变化来控制电动机输出转矩、转速的大小和方向。

### 18. 直流无刷电机 (direct current brushless motor, brushless DC motor)

根据转子位置信息，通过电子电路进行换相或电流控制的永磁电动机，其驱动电流波形为矩形波。

### 19. 电机寿命 (life of motor)

通常用平均故障间隔时间 (mean time between failure，MTBF) 来表征，是衡量电机可靠性的指标。具体来说，是指相邻两次故障之间的平均工作时间，计算方法为产品在总的使用阶段累计工作时间与故障次数的比值，它仅适用于可维修产品。无刷电机通常使用寿命在几万小时数量级，但是轴承不同的无刷电机使用寿命有很大不同。

## 5.5 减 速 器

### 1. 减速比 (gear ratio)

减速器的输入转速与输出转速之比。

**2. 结构形式 (structural type)**

减速器所采用的机械结构形式，包括圆柱齿轮减速器、圆锥齿轮减速器、行星齿轮减速器、谐波减速器等。结构形式中的级数是指，减速器所包含的具有减速传动功能的齿轮副的个数。有些减速器的减速比是可调的，称为可调减速比减速器。

**3. 效率 (efficiency)**

减速器的输出功率与输入功率之比。

**4. 重量 (weight)**

减速器的结构重量。

**5. 回程间隙 (return gap)**

减速器输入轴和输出轴之间在改变旋转方向时存在的驱动空程，主要是由于减速器内部相互啮合的齿轮副啮合间隙的累加。

**6. 润滑模式 (lubrication type)**

减速器采用的润滑方式，有油浴飞溅润滑、开放式油脂润滑等。

**7. 减速器安全系数 (safety factor of gear)**

按照减速器传输的最大转矩和功率，校核齿轮、轴承、轴等承力件的强度，对于最薄弱环节，除非另有规定，否则金属材料设计安全系数不小于 1.5，复合材料安全系数不小于 3。

**8. 减速器额定转矩 (rated torque of gear)**

在规定条件下，减速器低速端输出 (或输入) 的转矩，即减速器连续稳定运行所能传动的最大转矩。这种工况下，减速器润滑油温度不会超过最高运行温度，承力零件不会损坏。

**9. 减速器峰值转矩 (peak torque of gear)**

在规定条件下,减速器所能传动的最大转矩。在峰值转矩下短时工作不会引起减速器损坏或性能不可恢复。

**10. 减速器额定转速 (rated speed of gear)**

减速器在规定输入条件下负载运行时的稳态输入转速。

**11. 连接形式 (linkage type)**

减速器与动力输入装置、动力输出装置的连接结构形式,包括键连接、花键连接、联轴器连接、万向联轴器连接等。

**12. 轴向力 (axial force)**

减速器工作时,动力输出轴驱动的螺旋桨等装置对输出轴施加的轴向作用力。为了承受轴向力,输出轴应使用止推轴承。

## 5.6 试验与测试

**1. 电气性能测试 (electric performance test)**

参照 GB/T 2900.26—2008《电工术语控制电机》中 6.2 节试验要求、GJB 150.25A—2009 军用装备实验室环境试验方法、GJB 361A—1997 控制电机通用规范的具体要求。电气性能测试包括外形尺寸测试、环境适应性测试以及电气参数测试。

外形尺寸测试项目包括:外观、外形及安装尺寸、轴伸径向圆跳动、轴向间隙、径向间隙、安装配合面的同轴度、安装配合面的垂直度。

环境适应性测试项目包括:低温、高温、温度冲击、低温低气压、高温低气压、低频振动、高频振动、规定脉冲冲击、强冲击、稳态加速度、沙尘、电磁兼容、恒定湿热、交变湿热、盐雾。

电气参数测试项目包括：电压、电流、频率、功率、功率因数、各种谐波特种量、绝缘电阻、绕组电阻、转矩、转速、噪声、振动等，具体进行以下试验测定。

**2. 螺旋桨结构力学性能测试 (performance test of structural mechanics)**

包括强度测试、刚度测试、固有特性测试、疲劳测试。强度测试主要进行超转试验或者拉伸试验；刚度测试包括挥舞刚度测试、摆阵刚度测试，必要时可进行扭转刚度测试；固有特性测试包括桨叶振型、静频率测量、动频率测量，至少测量桨叶挥舞弯曲振动一、二阶固有频率，摆振弯曲振动一阶固有频率；疲劳测试主要确定疲劳极限值。

**3. 螺旋桨缩比气动试验 (scaled propeller model aerodynamic test)**

包括风洞试验和车载试验。风洞试验主要是模拟前进比、雷诺数和马赫数等相似参数的风洞试验；车载试验以大型卡车等装载测力/测力矩装置，能够在不同海拔模拟前进比、雷诺数和马赫数等相似参数的外场试验。

**4. 全尺寸螺旋桨气动性能试验 (full size propeller aerodynamic performance test)**

通过测力/测力矩装置进行完全真实尺度 (比例为 1:1) 的螺旋桨外场气动性能试验，包括有风速和无风速两类情形。

**5. 螺旋桨装置临近空间环境模拟试验 (propeller system test in simulated near-space environment)**

包括高温-湿度老化试验、高低温试验、低气压试验、臭氧老化试验、紫外老化试验。

**6. 电机装置临近空间环境模拟试验 (motor system test in simulated near-space environment)**

将电机装置处于临近空间环境模拟试验装置中，进行各项性能参数的试验测试。

# 第 6 章　平流层飞艇飞控分系统

## 6.1　组成与功能

**1. 导航子系统 (navigation subsystem)**

为用户或其他系统提供飞艇的位置、速度、姿态信息的系统，一般由传感器和导航计算机组成。根据不同的精度和工作环境要求，导航子系统可以有不同的实现方法。

平流层飞艇采用的导航手段主要包括：惯性导航、卫星导航、地磁导航、天文导航、地面无线电导航等，还包括高度计、空速管等。

惯性导航具有完全自主、保密性强、可靠性高、无须通视等优点，但需要初始化或初始对准，且导航误差随时间急剧增长，成本较高。

卫星导航具有精度高且不受时间影响、多功能 (授时、定位、定速、定姿)、全天候、成本低等优点，但存在易受电磁干扰、导航信号易受遮挡等缺点。

天文导航具有完全自主、可靠性高、定姿精度高等优点，但存在受气候及太阳光照影响、不能连续导航、成本高等缺点。

地面无线电导航具有高精度、全天候等优点，但存在导航范围局限、易受干扰、可靠性差等缺点。

为保证导航子系统的性能，在实际应用中往往采用将多种导航手段组合应用。图 6.1 给出了典型的全球定位系统/惯性导航系统 (GPS/INS) 组合导航系统的组成框图。

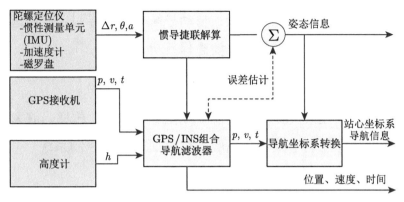

图 6.1 导航子系统结构框图

**2. 飞控计算机子系统 (flight control computer subsystem)**

通过地面操纵、艇务计算机发出的指令或者根据系统调整状态 (或预置的条件) 需求，进行一项或多项与飞艇飞行相关的控制系统。飞控计算机子系统包括硬件、系统软件和应用软件。执行机构的控制量由飞控计算机子系统生成。

**3. 执行机构子系统 (actuator subsystem)**

使用电力或其他能源，通过电机等装置将控制指令转化成驱动作用的机构。执行机构子系统由位置感应装置、力矩感应装置、电极保护装置、逻辑控制装置，数字通信模块、运动控制模块、压力控制模块、安全控制模块等组成。

**4. 自动飞行控制 (automatic flight control)**

能够产生和传输自动控制指令，并能够自动完成给定控制功能的飞行控制系统。

自动飞行控制系统由电气、电子和机械部件等组成。提供自动或半自动的飞行轨迹控制，或针对扰动而自动控制飞艇的相应操纵来实现给定的控制任务。

自动飞行控制系统功能包括：自动导航、自动导引、航向选择、航向保持、空速保持、高度保持、姿态保持等。

**5. 半自动飞行控制 (semi-automatic flight control)**

根据地面操控人员提供的姿态控制指令，转换、传递、放大该控制指令，使用增稳控制手段驱动飞艇各操纵面的飞行控制系统。

**6. 遥控飞行控制 (remote flight control)**

地面操控人员通过遥控指令直接控制飞艇各执行机构，从而实现对飞艇平台的控制。

## 6.2　导航子系统

**1. 组合导航 (integrated navigation)**

采用两种或两种以上的导航手段来提供平流层飞艇的位置、速度、姿态等信息的方法。

**2. 持久组合导航 (long-endurance integrated navigation)**

针对平流层飞艇持久驻留的要求，可提供高精度、高可靠性信息的组合导航方式，多以惯性导航作为主要手段。

平流层飞艇持久组合导航系统一般具有以下全部或部分功能：

(1) 协合功能：利用各分系统的导航信息，形成分系统所不具备的导航功能。如用大气数据计算机的空速信息和罗盘的航向信息可以提供飞艇的位置信息。

(2) 互补功能：组合导航系统能够综合利用分系统的特点，扩大使用范围，提高导航精度。例如，将卫星导航系统与惯性导航系统组合起来，不仅能大大改善惯性导航的位置和速度信息精度，还能估计出陀螺漂移等各种干扰量和惯性平台姿态误差，从而改善惯性导航系统性能。

同时，利用惯性导航系统提供的速度等信息，能改善卫星导航系统跟踪回路截获和锁定信号的能力。

(3) 余度功能：两种以上导航系统的组合增加了导航系统的可靠性。例如惯性导航和卫星导航系统可以组合工作，但也可以单独工作。

(4) 容错功能：多个设备共同工作，在某个设备故障时能够对其加以屏蔽。例如可以采用典型的多数表决方法，减小单粒子翻转事件对导航系统的影响。

(5) 降级使用功能：在多种导航手段或者某一手段的多个设备间组合，在某个设备故障时切换导航算法，虽然会降低导航精度或者实时性，但提高了系统的可靠性。例如，为提高惯性和卫星组合导航的精度，采用双卫星系统形成相对位置基线矢量，再和惯性导航系统组合，当一个卫星导航系统故障时，可以返回到一般的惯性和卫星组合导航的方式，降级使用。

**3. 姿态测量 (attitude measurement)**

利用内部或外部传感器测量信息，计算飞艇在给定坐标系下的俯仰、偏航和滚转姿态角。

姿态测量的手段一般包括：惯性导航系统、卫星导航系统、天文导航系统等。惯性导航系统在初始对准后，利用陀螺输出信息，进行姿态跟踪；卫星导航系统利用多个已知相对位置的天线，通过测量天线的相对位置矢量确定载体姿态；天文导航系统一般利用星敏感器等设备，测量天体范围来确定姿态。

**4. 位置测量 (position measurement)**

根据导航子系统各传感器的测量信息，采用滤波算法实时计算飞艇在给定坐标系下的位置坐标。

能够提供位置信息的主要导航手段包括：捷联惯性导航、卫星定位等。捷联惯性导航是根据固联在载体上的惯性测量单元测量的信息，以及初始时刻的位置、速度、姿态，实时推算载体的位置；卫星定位是利用单台接收机同时接收 4 颗以上卫星的信号，实时计算飞艇在 WGS84 坐标系下的绝对位置。

**5. 空速测量 (airspeed measurement)**

空速是飞艇相对周围空气的运动速度。根据测量方法上的差异，空速可分为指示空速、校准空速、当量空速、真实空速等几种。

测量和显示空速的仪表称为空速表，是重要的飞行仪表之一。空速表用于测量和指示飞行器相对周围空气的运动速度，常用的空速表有指示空速 (即表速) 表、真实空速 (即真速) 表和马赫数表三种，有的表把几种功能综合在一起构成组合式空速表。

**6. 高度测量 (altitude measurement)**

根据所选基准面的不同，飞艇飞行中使用的高度定义有四种：真实高度、相对高度 $H_{QFE}$、绝对高度 $H_{QNH}$ 和标准气压高度 $H_{QNE}$(图 6.2)。

真实高度是指飞艇距下方地面的垂直距离；相对高度是指飞艇距离放飞场平面的垂直距离；绝对高度是指飞艇距离海平面的垂直距离；标准气压高度是以标准海平面气压为基准面的气压高度。平流层飞艇的飞行高度测量一般采用间接方法，即通过测量与高度有单值函数关系、又便于准确测量的另一物理量，推算得到高度数值。根据所选用的物理量及测量方法的不同，形成了不同的高度测量装置，如气压式测高仪和无线电测高仪等。

气压式测高仪利用气压随高度的变化规律，通过测量气压来实现高度测量；无线电测高仪利用发射无线电波和接收到的反射无线电波之间的信息 (如频率差或时间差) 解算出高度信息。考虑平流层飞艇的工作环境，气压式测高仪测量精度一般低于无线电测高仪。

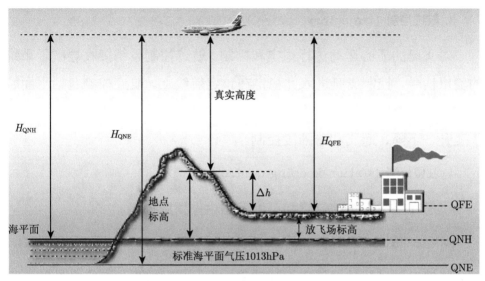

图 6.2　高度定义示意

QFE：场面气压；QNH：修正海平面气压；QNE：标准大气压

# 6.3　飞控计算机子系统

## 1. 姿态控制 (attitude control)

对飞艇的俯仰、偏航和滚转姿态角进行保持和控制。主要功能是，在各种干扰下稳定姿态，保证姿态角偏差在指定范围内；根据航迹控制给出的姿态指令控制姿态角，实现航迹控制。

## 2. 航迹规划 (trajectory planning)

综合考虑机动性能、目标任务和飞行时间等约束因素，寻找一条从起始点到目标点的可行或最优飞行轨迹。航迹规划是任务规划的重要组成部分，通常可归结为飞艇在初始位置、终止位置和一些目标任务节点确定之后的航迹优化问题。

**3. 航迹控制 (trajectory control)**

对飞艇的质心运动进行稳定和控制。航迹控制系统接收导航子系统的输出信号，控制飞艇进入并稳定在预定航线上。航迹控制包括平面航迹控制和垂直航迹控制，前者主要用于水平面内轨迹跟踪，后者主要用于爬升、下降、起飞和着陆段控制。

**4. 驻留控制 (station-keeping control)**

飞艇在空中一定的位置和高度范围内停留的控制。

**5. 增稳控制 (stability augmentation control)**

能够增加飞艇的静稳定性和动稳定性，同时增强飞艇操纵性能的飞行控制。

**6. 高度控制 (altitude control)**

进行高度保持和高度跟踪的控制。影响飞艇高度的主要因素有：环境温度、副气囊的大小、风的扰动等。高度控制的主要手段有：改变副气囊压力、矢量推力、俯仰姿态调节等。

**7. 升降控制 (ascending and descending control)**

飞艇从距地面某一高度到工作高度之间的爬升和下降的控制。影响飞艇升降的主要因素有环境温度和环境风场等。升降控制的主要手段有：净浮力和净重力调节，矢量推力、俯仰姿态调节等。飞艇的升降速度受副气囊压力控制的约束。

**8. 起飞控制 (take-off control)**

飞艇从地面到离地面一定高度的控制。

**9. 着陆控制 (landing control)**

飞艇实现安全着陆的控制。

**10. 应急控制 (emergency control)**

飞艇发生严重故障或在应急情况下启用，完成有限功能的控制。有限功能通常包括飞艇的下降和着陆等。

**11. 压力控制 (pressure control)**

狭义的压力控制主要指压力保持 (pressure maintenance)，即保持艇体内外压差处于安全范围内的控制手段。通常包括在压差过高时从副气囊排出空气，以及在压差过低时向副气囊充入空气。广义的压力控制还包括浮力控制 (buoyancy control) 以及其他的涉及艇体内气体操作的控制。

**12. 浮力控制 (buoyancy control)**

改变飞艇净浮力的控制方式。包括氦气的受控释放、以改变浮力为目的的副气囊的主动充放气、压舱物的主动移出等。

# 6.4 执行机构子系统

**1. 推力矢量 (vectored thrust)**

通过矢量推力转向控制偏转产生的推力分量，替代操纵面或增强飞艇的操纵功能，对飞艇的飞行进行控制的技术。

**2. 质心调节 (centroid adjustment)**

通过改变质心位置来实现特定的控制功能。飞艇由于配有副气囊而提高了配平能力，与固定翼飞机和直升机相比，具有更大的灵活性。在质心调节上，还有滑动质量块配平等手段。

**3. 压舱物调节 (ballast adjustment)**

飞艇通过添加或移除携带的重物而调整重量。常用的压舱物包括燃油、水、沙子和一次性电池等。

### 4. 翼面 (tail surface)

艇囊的尾部结构是实施飞艇气动操纵的部分。飞艇的尾部一般为一组固定尾翼，后缘安装有操纵翼面。

### 5. 撕裂控制 (tearing control)

在所有应急措施无效的情况下，通过撕裂囊体对艇体进行自毁。

## 6.5    技术与性能

### 1. 余度技术 (redundancy technique)

为系统增加多重资源并进行合理管理，提高系统可靠性的设计方法。合理的余度系统方案和完善的余度管理方案是余度设计的两个重要因素。

余度系统是利用多重设备执行同一指令、完成同一任务而布局的系统；余度管理是保证余度系统正确协调工作，监督系统运行，并完成故障检测及处理工作的全部功能的总称。

### 2. 容错技术 (fault tolerant technique)

处于工作状态的系统中，一个或多个关键部位发生故障时，能够自动检测与诊断，并采取补救措施，保证系统正常工作。

### 3. 配平 (trim)

操纵面处于某种位置，使飞艇的姿态相对于所有轴线保持不变的状态。

飞艇可以通过调节机构、扰流片或操纵面的偏转来达到配平状态。配平系统的功能通常包括两个方面：一是保持纵向/横向力矩的平衡；二是操纵机构上没有力的积累。

**4. 控制分配 (control allocation)**

飞艇在具有冗余执行机构配置情况下，通过设计控制算法，实现多个执行机构合理组合，适应不同的飞行任务和条件，实现不同的飞行控制性能目标；同时在某些执行机构发生故障的情况下，仍然能够利用剩余执行机构的重新组合来控制飞艇运动，提高飞艇在故障及损伤情况下的飞行能力和生存能力。

**5. 机内自检测 (built in test)**

为系统和设备提供故障检测、定位和隔离的技术，是一种重要的系统故障自检方法，是改善系统或设备测试性能和诊断能力的重要途径。

**6. 主动控制技术 (active control technology)**

主动应用自动控制技术来改善飞艇的稳定性和操纵性，是提高飞行性能的技术。从飞艇设计角度来说，主动控制技术就是在飞艇设计的初始阶段就考虑自动飞行控制系统对飞行器总体设计的影响，充分发挥控制系统潜力的一种飞行控制技术。主要包括放宽静稳定性、矢量推力控制等。

**7. 控制系统可靠性 (control system reliability)**

主要包括以下指标：平均无故障间隔时间、飞艇可靠度 (放飞成功概率、回收成功概率)、平均无故障飞行时间。

**8. 控制系统可重构 (control system reconfiguration)**

在对飞行控制系统故障进行检测和辨识的基础上，充分利用系统功能冗余进行飞行控制律重构，使飞行器适应更大范围的故障或特殊任务环境。

**9. 控制系统可控性 (control system controllability)**

能够利用控制输入，在给定时间内，使飞艇从任意初始状态达到规定状态。

**10. 控制系统电磁兼容 (control system electromagnetism compatibility)**

在共同的电磁环境中，设备、分系统、系统能一同执行各自功能的共存状态。设备、分系统、系统不会由于受到处于同一电磁环境中其他设备的电磁发射，导致或遭受不允许的性能降低；也不会使同一电磁环境中其他设备、分系统、系统因受其电磁发射，导致或遭受不允许的性能降低。

# 6.6   试   验

**1. 全数字仿真 (full digital simulation)**

所有模型都以数学模型代替，是一种非实时离线仿真，目的是考察所搭建的仿真系统是否体现了实际系统的工作原理、各个模块的位置是否合理、模型中各信号流向是否正确、模型中各个逻辑分支是否都得到执行等。数学仿真属于原理仿真。

**2. 半实物仿真 (semi-physical simulation)**

飞艇飞行状态通过数学仿真实现，全部或部分传感器信号、全部或部分执行机构、控制计算机等采用实物的仿真。半实物仿真系统主要由实时仿真计算机、视景计算机、控制观察台、运动平台、监控与记录系统、显示组件、接口组件等组成。

### 3. 原理性试验 (principle test)

主要目的是验证系统设计的各项功能，测试系统的技术性能指标，调整系统参数，发现和排除系统设计、制造上的故障和缺陷，校正系统技术说明书和使用维护说明书。一般在设计研制单位完成实验室各种试验后进行。

试飞大纲由主管工程师、主管试飞员、系统总设计师共同制订，整个飞行试验在飞行试验主管工程师领导下完成。试飞过程中，系统设计师的首要任务是保证系统正常工作，及时排除故障，其次是根据试飞工程师提供的试飞曲线和数据，与原设计和模拟试验结果进行对比分析。

如果通过原理性试验发现设计和制造上存在重大缺陷，或通过调整参数不能达到设计指标，系统设计师需要对系统设计进行改进，经过模拟试验，再次进行原理性飞行试验。

## 6.7　飞 行 力 学

### 1. 坐标系 (coordinate system)

为研究飞艇的空间运动规律，确定飞艇运动的位置、速度和姿态，需要选取坐标轴系。通常选用地面坐标系、地理坐标系、艇体坐标系、气流坐标系和航迹坐标系等五种坐标系。以下定义的坐标系均为三维正交轴系，遵循右手法则，且适用于平面大地假设情况。

地面坐标系 (earth-fixed coordinate frame, $O_e$-$x_e y_e z_e$)：原点 $O_e$ 为放飞点，$O_e x_e$ 轴在水平面内指向飞艇飞行方向，$O_e z_e$ 方向垂直于地面并指向地心，$O_e y_e$ 在水平面内垂直于 $O_e x_e$，与 $O_e x_e$ 和 $O_e z_e$ 组成右手系。

地理坐标系 (geographic coordinate frame, $O_g$-$x_g y_g z_g$)：原点 $O_g$ 为飞艇的浮心选定点，$O_g x_g$ 轴在水平面内指向正北，$O_g z_g$ 在水平面内指向正东，$O_g y_g$ 则指向地心 (图 6.3)。

艇体坐标系 (body-axis coordinate system, $O\text{-}x_by_bz_b$)：原点 $O$ 固定于飞艇的浮心，坐标系与飞艇固连；$Ox_b$ 轴在飞艇对称平面内平行于艇体轴线，指向艇头，称为纵轴 (longitudinal axis)；$Oy_b$ 轴垂直于飞艇对称平面指向艇体右方，称为横轴 (transverse axis)；$Oz_b$ 轴在飞艇对称平面内与 $Ox_b$ 轴垂直并指向艇体下方，称为竖轴 (normal axis)。

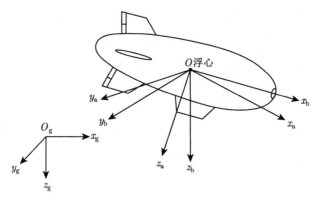

图 6.3　飞艇常用坐标系

气流坐标系 (air-path coordinate frame, $O\text{-}x_ay_az_a$)：也称速度坐标系，原点 $O$ 固定于飞艇的浮心，$Ox_a$ 轴沿飞行空速方向，$Oz_a$ 轴在飞艇对称平面内与 $O_bx_b$ 轴垂直并指向艇体下方，$Oy_a$ 轴垂直于飞艇 $Ox_az_a$ 平面指向艇身右方。

航迹坐标系 (flight-path coordinate frame, $O\text{-}x_ky_kz_k$)：原点 $O$ 固定于飞艇的浮心，坐标轴系与飞艇固连；$Ox_k$ 轴沿飞行地速方向；$Oz_k$ 轴位于包含地速在内的铅垂面内，与 $Ox_k$ 轴垂直并指向下方；$Oy_k$ 轴垂直于 $Ox_kz_k$ 平面，其指向按右手法则确定。

**2. 俯仰角 (pitch angle)**

艇体纵轴与水平面的夹角，当纵轴的正半轴位于水平面之上时为正 (图 6.4)。符号：$\theta$，单位：rad。

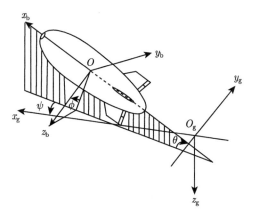

图 6.4 俯仰角、偏航角与滚转角

**3. 偏航角 (yaw angle)**

艇体纵轴在水平面上的投影与 $x_g$ 轴的夹角，当纵轴正半轴的投影位于 $x_g$ 轴的右侧时为正 (图 6.4)。符号：$\psi$，单位：rad。

**4. 滚转角 (roll angle)**

艇体竖轴与过纵轴的铅垂平面的夹角，当竖轴的正半轴位于该垂直平面之左时为正 (图 6.4)。符号：$\phi$，单位：rad。

**5. 迎角 (attack angle)**

飞行空速矢量在飞艇对称平面的投影与艇体纵轴之间的夹角，速度矢量的投影在艇体 $x_b$ 轴的下方为正 (图 6.5)。符号：$\alpha$，单位：rad。

**6. 侧滑角 (side-slip angle)**

飞行空速矢量与飞艇对称平面间的夹角，速度矢量在飞艇对称平面右侧为正 (图 6.5)。符号：$\beta$，单位：rad。

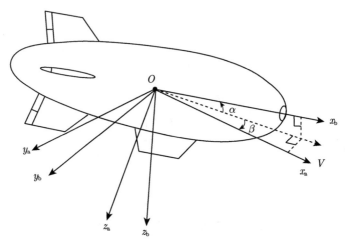

图 6.5　迎角与侧滑角

## 6.8　环 境 控 制

**1. 环境传感器 (environment sensor)**

将环境参数转换成可用输出电信号 (模拟信号或数字信号) 以监测飞艇系统内外环境。常用环境传感器包括压力传感器、压差传感器、温度传感器、湿度传感器等。

压力传感器主要用于测量环境大气压力。

压差传感器也称差压传感器 (differential pressure sensor, DPS)，主要用于测量囊体内外的静压压差。

温度传感器主要用于测量外界环境、囊体表面、囊内气体以及单机部件温度。由于囊体体积巨大，表面和内部气体温度不均匀，需布置多个传感器以测量温度分布。

湿度传感器主要用于测量外界环境、设备舱、囊体内部和表面等的相对湿度。

**2. 环控计算机 (environment control computer)**

接收环控传感器的电信号输入，通过软件程序实现环控逻辑与控制策略，并输出控制信号至环控执行机构。此外，环控计算机还与飞控计算机进行通信。

**3. 环控执行机构 (servo mechanism system of environment control)**

接收环控计算机输出的控制信号，转换成相应动作的机构。环控执行机构主要包括阀门、鼓风机、加热片、散热设备等。

**4. 温度控制 (temperature control)**

平流层飞艇上升/驻空/下降的过程中，通过导热、对流和辐射的传热方式，利用散热、隔热和加热等手段，保持囊体内气体、设备舱、舱外单机设备均处于合适的温度范围，从而保证飞艇系统安全、保持良好的工作状态。

温度控制首先要针对不同的工作状态，对飞艇总体热平衡和昼夜热循环进行分析，计算各部件温度分布，作为温度控制的依据。

**5. 湿度控制 (humidity control)**

用于保证平流层飞艇的仪器舱、囊体内部和表面的湿度处于合理范围。

**6. 热综合管理 (heat management)**

综合考虑多种手段，以尽量小的代价，将囊体和设备舱保持在合理的温度范围，使得单机设备正常工作，配合实现升降过程可控和驻空高度保持。

热综合管理的手段可分为被动和主动两类，被动方式包括导热材料、热控涂层等，主动方式包括电加热、强制对流装置等。一般优先采用被动方式，或采用被动与主动相结合的方式。

# 第 7 章 平流层飞艇测控分系统

## 7.1 组 成

**1. 测控分系统 (tracking-telemetry and command subsystem)**

执行任务中独立完成测控任务的艇上和地面整套设备 (图 7.1)，含地面数据终端 (地面收发组合、伺服组合、测控天线、地面监控工作站等)、艇载数据终端，实现测角测距、遥控遥测数据链数据传输。

艇载数据终端由艇载天线、双工器、艇载收发组合 (艇载收发信机、艇载终端单元等) 等组成。

艇载收发信机主要完成上行射频信号的放大及下变频处理、下行中频信号上变频及功率放大。

艇载终端单元主要完成上行遥控信号的解扩、解调、译码、同步、解扰处理，下行数据编码、加扰、信道编码、调制等。

地面数据终端主要由测控天线、伺服组合、双工器、地面收发组合、地面监控工作站等组成。

测控天线主要完成上行信号的发射和下行信号的接收，由全向天线、定向测控天线及馈线组成。

伺服组合主要完成测控天线的俯仰调节 (手动、数字引导) 功能和方位调节 (手动、搜索、跟踪、数字引导)。

地面收发组合由地面收发信机、地面终端单元等设备组成。地面收发信机主要完成遥控中频信号的变频及放大、下行信号放大变频等；地面终端单元主要完成上行遥控数据编码、加扰、扩频调制和下行数传信

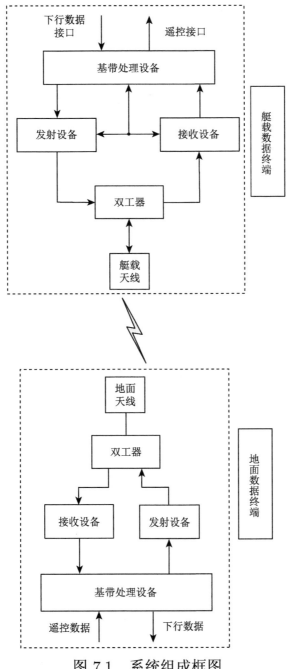

图 7.1　系统组成框图

号的解调、译码、同步、解扰处理等。地面监控工作站由工业级以上计算机及地面监控软件组成。计算机是地面监控软件的载体，主要完成测控分系统遥控遥测数据处理 (数据分发、数据存储、数据回放)、地理信息系统运行、信道状态显示评估、伺服组合俯仰调节和方位调节指令收发、全/定向天线切换控制、艇载/地面数据终端链路控制 (频道切换、大小功率控制、信道带宽切换、调制体制切换等) 等。

## 7.2 性 能

### 1. 工作体制 (work principle)

主要有分离测控体制、统一载波测控体制、中继体制、X 合一综合体制 (遥控、遥测、定位和侦查信息传输四合一) 等，典型综合体制为：上行遥控指令直接序列扩频抗干扰传输，下行视频图像数字化压缩与遥测数据复合共信道传输，综合利用上行遥控和下行复合信息帧进行测距，利用可自动定位或利用艇载 GPS 数据进行方位引导。

### 2. 作用距离 (operation distance)

测控分系统保证误码率指标完成正常任务时，艇载数据终端距离地面数据终端的最大半径无线电通视距离 (例如，≥100km/150km/200km/300km (无线电通视))。

### 3. 数据带宽 (data bandwidth)

合成的基带数据的带宽，一般分上行带宽、下行带宽。

### 4. 数据传输率 (data-transmission rate)

一般指的是上、下行数据传输的码速率，通常用码元传输率来衡量。码元传输率又称码元速率或传码率，定义为每秒钟传送码元的数目，单位为波特 (Baud)。传输率还可以用信息传输速率来表征，定义为每秒钟传递的信息量, 单位为比特/秒 (bit/s)。(例如, 上行速率 ≥12.8kbit/s, 下行速率 ≥4Mbit/s)。

**5. 波束角 (beam width)**

也称波束宽度, 在含有最大辐射方向或波束 (含辐射瓣) 对称轴的规定平面内, 在波束轴的两侧, 低于峰值辐射某一点所对应的两个方向间的角度宽度, 有时也取第一最小值所对应的两方向间的角度宽度。

**6. 误码率 (bit error ratio, BER)**

衡量数据在规定时间内传输精确性的指标。误码率 = 传输中的误码/所传输的总码数 ×100%。

**7. 功率 (power)**

艇载/地面收发组合的输出信号强度。

**8. 通信接口 (communication interface)**

艇载数据终端的窄带遥控遥测接口采用异步 422 接口; 宽带遥测数据接口采用同步 422 接口或网络接口 (UDP/TCP 协议); 地面数据终端采用网络接口 (UDP/TCP 协议)。

**9. 接收灵敏度 (receiver sensitivity)**

艇载数据终端接收灵敏度为艇载收发组合能够正常接收地面数据终端遥控信号的最小信号接收功率 (dBm)。地面数据终端接收灵敏度为地面收发组合能够正常接收机载数据终端遥测信号的最小信号接收功率 (dBm)。

# 第 8 章　平流层飞艇气动设计

## 8.1　气动力/力矩与气动力/力矩系数

### 1. 升力 (lift)

飞艇上的空气动力在飞艇纵向对称面上垂直于空速方向 (或速度方向在此平面上的投影) 的分力，向上为正。尾翼是飞艇产生升力的主要部件。

### 2. 阻力 (drag)

飞艇上的空气动力在平行于空速方向上的分力，指向后方，阻碍飞行，故称阻力。飞艇的阻力包括：艇身、尾翼、吊舱等部件阻力及相互干扰形成的阻力。艇身阻力约占整艇阻力的 1/2~2/3。

### 3. 最小阻力 (minimum drag)

阻力系数的最小值，通常所对应的迎角或对应的升力系数都很小。最小阻力系数主要来自摩擦阻力系数，也有少量粘性压差阻力系数，是设计飞艇最大平飞速度的主要依据。

### 4. 零升阻力 (zero-lift drag)

飞艇翼型 (或尾翼) 升力为零时的阻力。零升阻力一般稍大于最小阻力，对称翼型的零升阻力就是最小阻力。

### 5. 摩擦阻力 (friction drag)

气流与飞艇表面摩擦而形成的阻力。摩擦阻力系数的大小主要取决于物体表面上边界层内的流态，层流流动时的摩擦阻力系数一般比湍流流动时小。另外，摩擦阻力系数还与表面粗糙度、雷诺数有关，一般来说，粗糙度越小，雷诺数越大，摩擦阻力系数就越小。

**6. 诱导阻力 (induced drag)**

对于飞机来说，诱导阻力定义为机翼后缘拖出的尾涡所诱生的阻力，对于飞艇来说，诱导阻力主要由尾翼产生，一般来说，它的产生与粘性无直接关系。

**7. 附加质量 (added mass)**

也称表观质量 (apparent mass)，对无界流场来说，物体在流体中做受迫振动时所受的力或力矩可以写成一个质量项 (或转动惯量) 与加速度 (或角加速度) 的乘积，这个质量或转动惯量就是附加质量，由附加质量引起的力称为附加惯性力。

附加质量只与流体特性和物体形状有关，是一个关键的流体力学概念。如果是非无界流场，即有自由面存在的情况，会有外传波产生，这时力或力矩还包括一个可与速度相乘的项，通常称作阻尼。

平流层飞艇的巨大体积导致其附加质量很大，通常描述为 $6\times6$ 的矩阵，这是因为飞艇有六个模态的运动，每个模态的运动都会导致物体在六个方向上受力。

**8. 法向力 (normal force)**

气动合力在体坐标系竖轴上的分量。

**9. 轴向力 (axial force)**

气动合力在体坐标系纵轴上的分量。

**10. 侧向力 (side force)**

气动合力在体坐标系侧轴上的分量。

### 11. 俯仰力矩 (pitching moment)

各部件的空气动力对体坐标系侧轴的转动力矩。飞艇绕其侧轴的运动称为俯仰运动。影响俯仰运动的主要空气动力是平行于飞艇对称面的力，如升力、阻力以及偏转操纵面产生的纵向操纵力；螺旋桨推力对俯仰运动也有影响。使飞艇抬头的俯仰力矩为正。

### 12. 偏航力矩 (yawing moment)

各部件的空气动力对体坐标系竖轴的转动力矩。偏航力矩使飞艇产生绕竖轴的头部左右摆动的运动，称为偏航运动，使飞艇头部向左方摆动的力矩为正。产生偏航运动的主要因素是飞艇有侧滑、滚转和方向舵偏转以及非对称推力等。垂直尾翼及方向舵是产生和改变偏航力矩的主要部件。

### 13. 滚转力矩 (rolling moment)

各部件的空气动力绕体坐标系纵轴的转动力矩，它使飞艇产生绕纵轴的滚转运动，以使飞艇向飞艇右方滚转的力矩为正。

### 14. 铰链力矩 (hinge moment)

操纵面上的气动合力对铰链轴 (操纵面旋转轴) 的力矩。铰链力矩等于作用于操纵面上的气动合力乘以气动合力作用点到铰链轴的距离，大小与飞行状态、操纵面尺寸及形状、操纵面偏转角等因素有关。飞行动压、迎角 (或侧滑角)、操纵面尺寸与偏转角等值越大，铰链力矩也越大。

### 15. 升力系数 (lift coefficient)

升力除以自由来流动压和特征面积的无量纲量。

### 16. 阻力系数 (drag coefficient)

阻力除以自由来流动压和特征面积的无量纲量。

**17. 俯仰力矩系数 (pitching moment coefficient)**

俯仰力矩除以自由来流动压、特征面积和特征长度的无量纲量。

**18. 偏航力矩系数 (yawing moment coefficient)**

偏航力矩除以自由来流动压、特征面积和特征长度的无量纲量。

**19. 滚转力矩系数 (rolling moment coefficient)**

滚转力矩除以自由来流动压、特征面积和特征长度的无量纲量。

**20. 铰链力矩系数 (hinge moment coefficient)**

操纵面铰链力矩除以自由来流动压、操纵面面积和操纵面平均气动弦长的无量纲量。

**21. 内外压差 (differential pressure between the lifting gas and the surrounding air)**

飞艇囊体内气体与外界大气之间的压力差。以软式飞艇为例，气囊内压力通常比环境压力高 300Pa 以上，用来维持整个飞艇的气动外形。

**22. 雷诺数 $Re$ (Reynolds number)**

反映惯性效应与粘性效应的对比度，是反映流动粘性效应的基本无量纲参数。$Re = \rho v L_r/\mu$，其中 $\rho$ 为来流的气体密度，$\mu$ 为运动粘性系数，$v$ 为流场特征速度，$L_r$ 为特征长度。

**23. 临界雷诺数 $Re_c$ (critical Reynolds number)**

流体的一部分或全部会随雷诺数的增大由层流转变为湍流，此时，摩擦力系数等会发生显著的变化，转变点处的雷诺数即为临界雷诺数。

**24. 静导数 (static derivative)**

气动力系数和气动力矩系数对某些参数的导数，如升力系数对迎角的导数，偏航力矩系数对侧滑角的导数等。静导数是研究与分析飞艇稳定性和操纵性的重要数据。

**25. 动导数 (dynamic derivative)**

空气动力系数和力矩系数对某些参数随时间的变化率的导数，如升力系数对俯仰角速度的导数，滚转力矩系数对滚转角速度的导数等。动导数反映了气流对飞艇运动的阻尼，是研究与分析飞行器稳定性和操纵性，以及颤振现象的重要数据。

# 8.2　几何尺寸与角度

**1. 特征长度 (参考长度) (reference length)**

在气动分析中起基准作用的空间几何尺度。飞艇的特征长度取艇长或者总体积的 1/3 次方，尾翼的特征长度取尾翼的平均气动弦长。

**2. 特征面积 (reference area)**

在气动分析中起基准作用的空间几何面积。飞艇的特征面积取总体积的 2/3 次方。

**3. 母线 (generatrix)**

绕纵轴旋转得到的飞艇表面的曲线称为母线。

**4. 尾翼平均几何弦长 (tail mean geometric chord)**

尾翼面积除以翼展得到的平均弦长。

**5. 尾翼平面形状 (tail planform)**

尾翼平面体在艇体坐标轴 $Oxz$ 平面内的俯视投影形状。

**6. 尾翼展长 (tail span)**

沿垂直于尾翼对称面的方向，左、右两翼梢之间的距离。

**7. 尾翼展弦比 (tail aspect ratio)**

尾翼展长和尾翼平均几何弦长之比。

**8. 尾翼梢根比 (tail taper ratio)**

尾翼梢弦与根弦长度之比，其值在 0~1。

**9. 空气动力中心 (气动焦点) (aerodynamic center)**

简称 "气动中心"，又称 "焦点"。迎角变化引起的飞艇总升力增量的作用点。

# 8.3　性　　能

**1. 升阻比 (lift-drag ratio)**

升力系数与阻力系数之比。

**2. 浮阻比 (buoyancy-drag ratio)**

浮力与阻力系数之比。

**3. 舵面效率 (rudder efficiency)**

飞艇的舵面操纵效率定义为单位舵偏角下，力矩系数的变化量。

# 8.4　气 动 计 算

**1. N-S 方程 (Navier-Stokes equation)**

N-S 方程是粘性流体力学的基本方程，给出在流动区域每一点每一时刻的流体密度、动量和总能所满足的方程。向量形式的 N-S 方程，在不同坐标系内有不同的分量表达形式，在计算中可根据物体的外形特征，选择合适的坐标系进行数值求解。

**2. 欧拉方程 (Euler equation)**

欧拉方程是无粘流体力学的基本方程，给出在无粘区域内每一点每一时刻的流体密度、动量和总能所满足的方程。

### 3. 边界层方程 (boundary layer equation)

利用边界层很薄的特点，将 N-S 方程中量级较小的各项忽略掉，简化成便于求解的一组方程。

### 4. 势流方程 (potential equation)

在定常、无粘、等熵假设条件下，流场存在速度势函数，且势流速度和势函数之间满足特定关系。

根据理想等熵流动的基本方程，得到势流基本方程。势流基本方程是一个关于势函数的非线性二阶偏微分方程，依据系数的大小，方程具有椭圆型和双曲型两类。与欧拉方程有五个偏微分方程相比，势流方程只有一个偏微分方程，求解起来更方便。

### 5. 湍流模型 (turbulence model)

以雷诺平均运动方程与脉动运动方程为基础，依靠理论与经验的结合，引进一系列模型假设而建立起的一组描写湍流平均量的封闭方程组。

湍流模型根据所采用的微分方程数分为：零方程模型、一方程模型、两方程模型、四方程模型、七方程模型等。常用的湍流模型有以下几种：零方程模型有 C-S 模型 (Cebeci-Smith) 和 B-L 模型 (Baldwin-Lomax)；一方程模型有 S-A 模型 (Spalart-Allmaras) 和 B-B 模型 (Baldwin-Barth)；二方程模型有标准 k-e 模型、k-omega 模型、SST 模型等；另外还有雷诺应力模型。

平流层飞艇的湍流气动力计算常采用 k-omega 模型和 SST 模型。

### 6. 面元法 (panel method)

求解小扰动方程的一种方法。面元法将平流层飞艇基本几何外形分为若干面元，每个面元上布置空气动力学奇异单元 (点源、偶极子或点涡),将物体壁面外的势流解写为奇异单元的函数,通过壁面及无穷远边界条件确定奇异单元的强度,从而得到势流解,进一步获得壁面压力系数分布、升阻力系数,以及力矩系数等。

**7. 边界层方法 (boundary layer method)**

利用边界层理论求解平流层飞艇气动力 (特别是阻力) 的一种方法。边界层方法通过求解势流方程 (如利用面元法) 确定边界层外的势流区域,通过求解边界层方程确定边界层内的粘流区域,通过势流方程和边界层方程的迭代求解,可最终确定边界层厚度、边界层外势流参数和边界层内粘流参数。

当边界层的求解采用层流边界层方程时,即为层流边界层方法;当边界层的求解采用湍流边界层方程时,即为湍流边界层方法。实际情况是,边界层可能由层流段、转捩段和湍流段构成,如图 8.1 所示。对于混合边界层的计算,一种方法是,将转捩点以前按层流计算,转捩点以后按照湍流计算,此时可以采用强制转捩的方法人工指定转捩点位置,但由于层流边界层内的摩擦系数要比湍流边界层内的摩擦系数小很多,如图 8.2 所示,因此转捩点的位置对飞艇阻力会有明显的影响,可采用额外的转捩判据来确定特定来流工况下的转捩点位置。

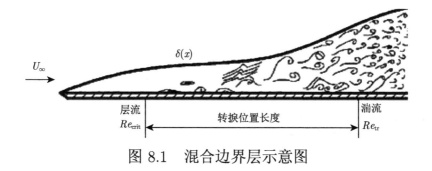

图 8.1　混合边界层示意图

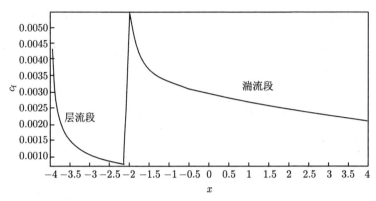

图 8.2   层流段和湍流段的摩擦系数

### 8. 转捩位置长度 (transition position length)

在平流层飞艇气动力估算中，需要对转捩位置长度 (转捩点位置) 进行合理计算，才能准确估算飞艇阻力特性。转捩点位置的计算，通常会因所选的转捩判据的不同而不同。转捩点位置确定的思路是，首先用面元法求得势流速度和势流压力分布，然后利用层流边界层积分方法，确定该压力分布下的层流边界层；最后利用转捩判据求解边界层转捩点。常用转捩判据如表 8.1 所示。

表 8.1   常用转捩判据

| 判据名称 | 参数 | 年份 | 类型 |
|---|---|---|---|
| Michel 判据 | $Re_\theta, Re_x$ | 1951 | 纯经验 |
| Granville 判据 | $Re_\theta, \Lambda, \Delta Re_\theta, \overline{\Lambda}, u'/U_\infty$ | 1953 | 半经验方法 |
| e-N 判据 | | 1956 | 半经验方法 |
| Crabtree 判据 | $Re_\theta, \lambda$ | 1958 | |
| von Driest & Blumer 判据 | $Re_\delta, \Lambda, u'/U_e$ | 1963 | 经验公式 |
| Gama-theta 判据 | | | |
| Cebeci-Smith 判据 | $Re_\theta, Re_x$ | 1974 | 经验公式 |
| Soby 判据 | $Re_\theta, \lambda, Tu$ | | 经验公式 |
| AGS 判据 | $\lambda_\theta, Re_\theta, Tu$ | 1980 | 经验公式 |

**9. 大涡模拟 (large eddy simulation)**

把包括脉动运动在内的湍流瞬时运动，通过某种滤波方法分解成大尺度运动和小尺度运动两部分。大尺度量要通过数值求解运动微分方程直接计算，小尺度运动对大尺度运动的影响通过建立模型来计算。

**10. 有限差分法 (finite difference method)**

将求解域划分为差分网格，用有限个网格节点 (即离散点) 代替连续的求解域，将偏微分方程中的所有微分项用相应的差商代替，从而将偏微方程转化为代数形式的差分方程，得到含有离散点上有限个未知数的差分方程组。求出差分方程组的解，作为偏微分方程定解问题的数值近似解，也就得到了网格上流动变量的数值解。

**11. 有限体积法 (finite volume method)**

有限体积法 (积分类方法) 和有限差分法 (微分类方法) 的不同主要是对网格的几何处理方法不同，有限体积法是将求解区域划分为一系列控制体积，并使得每个网格点周围有一个控制体积，将待解的微分方程对每个控制体积分，得出一组离散方程。用有限差分法计算得到的是网格点上的物理量，而用有限体积法得到的是单元的平均值。

**12. 计算稳定性 (computational stability)**

在数值求解过程中，如果计算结果对初始数值的误差或计算舍入误差不敏感或呈稳定衰减 (或不增) 状态，则该求解过程具有稳定性。

**13. 收敛性 (convergence)**

在用近似方程代替微分方程的数值解中，当表征其近似程度的参数 (如网格大小，最大有限元直径等) 趋于零时，近似解趋于精确解，称此数值解具有收敛性。

# 8.5　气 动 试 验

**1. 试验模型 (test model)**

按几何相似要求制成的飞艇试验物体。

**2. 定常流动 (steady flow)**

流场中任一固定点的速度和密度等所有流体属性都不随时间变化的流动。

**3. 非定常流动 (unsteady flow)**

流场中任一固定点的一个或多个速度分量或其他流体属性随时间而变化的流动。

**4. 定常风洞试验 (steady wind-tunnel test)**

风洞中气流为定常流动时进行的试验，例如，在风洞中进行的一般的测力、测压、铰链力矩试验。

**5. 非定常风洞试验 (unsteady wind-tunnel test)**

风洞中气流绕试验模型为非定常流动条件下进行的试验，例如，在风洞中进行的动导试验。

**6. 增压风洞 (pressurized wind tunnel)**

试验前使风洞中的气体处于超过标准压力状况下的风洞。

**7. 角度机构 (angular mechanism)**

风洞试验中改变模型姿态角的机构。

**8. 模型支架 (model support)**

风洞中支撑模型,并与角度机构相连以固定和改变模型姿态的装置。

**9. 测力试验 (force test)**

测量气流作用于模型上空气动力的试验，一般用气动力天平测得。测得的力和力矩通过换算得到无量纲的空气动力系数，再经过必要修正，转换为真实飞艇的相应值。

**10. 测压试验 (pressure test)**

测量绕模型流动的气流在模型表面上的压力分布。测量飞艇模型表面上的压力分布，可作为飞艇各部件强度计算和气动设计的依据，还可以用来了解飞艇周围的有关流动情况。

**11. 铰链力矩试验 (hinge-moment test)**

在风洞中测量飞艇操纵面转轴铰链力矩的试验。

**12. 动导数试验 (dynamic derivative test)**

风洞中测量模型在一定的非定常运动 (因外界干扰引起的运动，是时间的函数) 情况下所受气动力矩的试验。由测得的气动力矩，经过计算可求出模型相应的动导数。

**13. 高雷诺数试验 (high Re test)**

在风洞中，通过提高流场中与雷诺数相关的流体属性，对模型进行高雷诺数下的测力、测压等试验。

**14. 自由飞试验 (free-flight test)**

用飞艇模型 (有动力或无动力) 在空中进行的各种飞行试验。应用专门的记录仪器、摄影机和其他遥测装置、无线电遥控设备等测量模型运动参数，控制飞行状态。

**15. 相似准则 (similarity criterion)**

又称 "相似参数"。对流体力学的基本方程无量纲化，获得流动有关参量组成的无量纲量，即判定流动相似的无量纲参数。

**16. 施特鲁哈尔数 (Strouhal number)**

周期运动的相似准则，$S = v/nL$，式中，$v$ 为飞艇飞行速度，$L$ 为做周期运动物体的特征长度，$n$ 为周期运动的频率。

**17. 佛劳德数 (Froude number)**

表征流体的惯性力与重力之比的相似准则，即 $F = v^2/gL$，式中，$v$ 为飞艇飞行速度，$L$ 为特征长度，$g$ 为重力加速度。

## 8.6  现    象

**1. 流固耦合 (the coupling between fluid and structure)**

平流层飞艇的大跨度结构引起飞艇蒙皮、骨架、气囊等部件材料的大变形，这种大变形与飞艇的空气动力产生的不可忽略的相互影响 (图 8.3)，称为流固耦合。

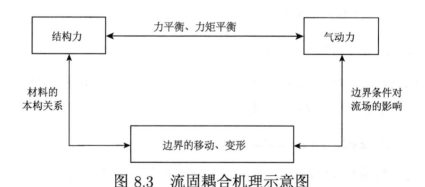

图 8.3    流固耦合机理示意图

流固耦合问题的本质是，流场的边界随着流场对边界的作用力而发生移动和变形。其中，边界的移动和变形与飞艇受到的气动力之间的关系可以通过飞艇结构的应力来确定，且飞艇的移动和变形与结构力之间满足材料的本构关系。

飞艇的结构变形主要分为三部分:① 重力载荷引起的变形;② 静压载荷引起的变形;③ 气动载荷引起的变形。

根据对上述三部分结构变形的不同程度的处理方式,可划分五种不同耦合程度的模型:① 硬式模型。认为整个飞艇是一个刚体,不考虑变形;② 流固分离模型,仅考虑重力和静压两部分载荷引起的变形,不考虑气动载荷对飞艇变形的影响;③ 线弹性模型,考虑重力、静压、气动载荷这三部分载荷引起的变形,其中气动载荷引起的变形按照线性气动弹性理论计算;④ 非线弹性模型,考虑重力、静压、气动载荷这三部分载荷引起的变形,其中气动载荷引起的变形按照非线性气动弹性理论计算;⑤ 褶皱模型,除考虑重力、静压、气动载荷这三部分载荷对变形的非线性作用之外,还考虑飞艇中的薄膜 (蒙皮、气囊等) 发生褶皱的情况。

上述五种不同程度的流固耦合模型示意如图 8.4 所示,五种模型考

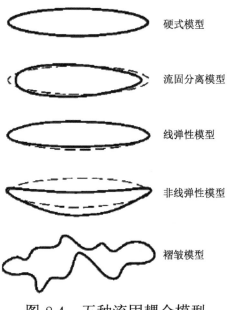

图 8.4 五种流固耦合模型

虑的流固耦合程度依次增强，计算的复杂度越来越大，计算得到的结果越来越接近真实飞行情况。

### 2. 热与浮力耦合 (coupling between thermal performance and buoyancy)

平流层飞艇的最大直径约在数十米量级，浮力在竖直方向上的变化不可忽略。同时，竖直方向内外压力差分布不均匀使得气囊的应力与变形程度有所不同，例如，对于零压气囊，底端将被压平，顶端向外膨胀；对于超压气囊，顶端应力与应变变大，底端应力与应变变小。

平流层飞艇所处的热环境包含许多复杂因素，如太阳辐射、红外辐射、强迫对流与自然对流等，如图 8.5 所示。由于高空大气稀薄，对流换热不足以及时散去太阳辐射的热量，飞艇白天累积的热量很高，使得

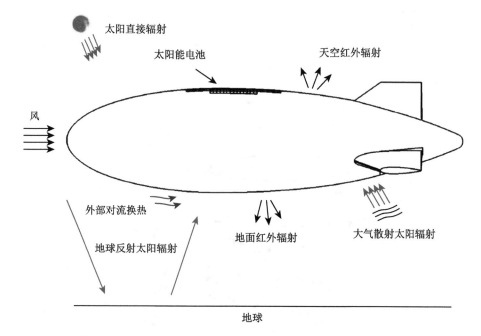

图 8.5　平流层飞艇的自然对流、强迫对流及其他热环境因素

表面温度大幅度上升 (50℃ 左右)。夜晚由于没有太阳辐射，温度又很快下降 (−13℃ 左右)，造成热平衡温度波动很大；但平流层大气温度却相对恒定，全天维持在 −56℃ 左右，飞艇表面昼夜温度一般均不低于环境温度，引起自然对流。柔性体的热自然对流会与来流发生相互作用，导致热力耦合。

较大的昼夜温差直接影响囊体中气体的压力和温度，使气囊膨胀/压缩而改变飞艇受到的浮力，影响飞艇驻空高度。同时，热环境的显著变化，导致飞艇内部温度分布不同，也影响内部自然对流的流场结构和换热强度。此外，太阳电池阵与蒙皮粘接处因热蠕动导致的温度可达 80℃。

**3. 副气囊喷流 (ballonet air ejection)**

平流层飞艇升降速度、高度及姿态调节，可通过副气囊喷 (吸) 空气来实现。空气以一定的流量经由空气阀流出 (流入) 副气囊时，对艇身腹部压力系数和艇身后部尾涡等周围流场造成影响，进而可能导致飞艇稳定性下降，给控制带来额外困难。

针对某飞艇的气动外形及空气阀门参数，利用数值计算方法得到的不同条件下副气囊喷 (吸) 气时的流场结构如图 8.6 所示，其中流线的不同弯曲程度与来流速度、喷 (吸) 流速度均有关系。

**4. 升降过程中的特殊气动现象 (special aerodynamic phenomena in the ascending and descending stage)**

平流层飞艇升降过程穿越的急流区环境恶劣，具有高强度的湍流、阵风，飞艇会受到非设计状态来流 (任意方向、非定常、高强度湍流) 的作用，产生增大等效迎角、增加飞艇所受的附加惯性力、增大飞艇横向漂移速度和距离等问题。

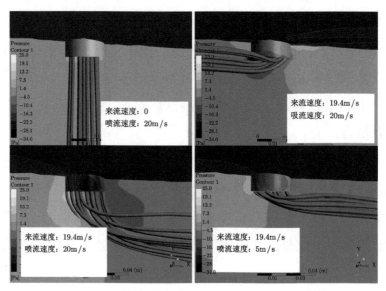

图 8.6　不同条件时副气囊喷口附近的流场

通常用数学模型来描述急流的动态特性，例如 Wilson 提出的阵风模型为

$$v = v_{\mathrm{m}}(1 - \mathrm{e}^{-\pi})$$

式中，$v_{\mathrm{m}}$ 是最大风速。对于 Wilson 的阵风模型，按照 Munk 的理论，可得飞艇在急流作用下的最大等效迎角、横向漂移速度、附加惯性力

$$\alpha_{\max} = \arctan\left[\frac{v_{\mathrm{m}} r \mathrm{e}^{-rt}}{A(1 + k_{22})V}\right]$$

$$u = v_{\mathrm{m}}\left[1 - \frac{r\mathrm{e}^{-At} - (A + Ak_{22} - k_{22}r)\mathrm{e}^{-rt}}{(r - A)(1 + k_{22})}\right], \quad A = \frac{V(k_{22} - k_{11})}{a(1 + k_{22})}$$

$$F = \frac{\rho_{\mathrm{air}} V_{\mathrm{as}} V^2 (k_{22} - k_{11}) \sin 2\alpha}{2a}$$

其中，$k_{22}, k_{11}$ 为附加惯性系数；$V$ 为飞行速度；$V_{\mathrm{as}}$ 为艇身体积；$a$ 为飞艇浮心与尾翼面压力中心的距离。

　　风切变是风矢量 (风速和风向) 在空间和时间上的梯度，包括水平风的垂直切变、水平切变和垂直风的切变，三种类型的风切变都会对平流层飞艇飞行产生一定影响。

　　常用的水平风垂直切变的线性模型为

$$U\left(y\right) = U_0 + kU_0\frac{y}{L}$$

其中，$U_0$ 表示飞艇轴线高度处的速度；$L$ 是特征长度；$k$ 是剪切率，反映风切变的程度。线性水平风垂直切变模型对飞艇流场结构的影响如图 8.7 所示，由于上方速度相对下方较大，因此艇身最大直径处低压区较宽，而下方低压区较窄；此外，翼身融合处附近的流线也呈现上下不对称现象。

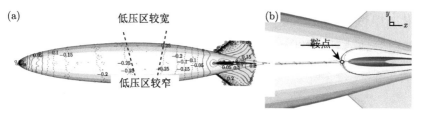

图 8.7　风切变作用下飞艇流场结构示意

## 5. 撕裂过程异常气动现象 (abnormal aerodynamic phenomena in the tearing stage)

　　平流层飞艇囊体采用柔性材料，在穿越 10km 高度附近的急流区或在高空驻留时，囊体材料可能发生穿孔、撕裂等破坏现象，囊体内的氦气将通过囊体开口部分泄漏，进而引起高度下降、泄漏氦气与主流干扰等问题。

　　平流层飞艇囊体材料突然撕裂过程的试验和计算表明，破裂瞬间，裂口处的压力间断形成一道压缩波 (弱激波) 向外传播，同时形成一道稀疏波向内以声速传播。流场处于强烈的非定常状态，气体外泄的速度远小于裂纹扩展的速度。通过在囊体表面加入加强筋，可有效阻止裂纹扩展。

囊体撕裂点位置对飞艇安全性存在影响。撕裂点在艇身上半部分时，由于内外压差和气囊材料的应力，将会产生加速撕裂的效应；撕裂点在艇身下半部分时，不会产生加速撕裂的效应。

**6. 气流扰动现象 (airflow disturbance)**

平流层飞艇运动速度低，与气流速度处于相同量级，气流扰动不能忽略，主要表现在对其等效迎角、侧滑角的改变和对横侧向附加惯性力的增加。

等效迎角的改变会导致飞艇表面流动状态的改变 (转捩点前移、分离点前移等)，从而使飞艇实际阻力特性与设计阻力特性有较大差距；横侧向附加惯性力的增大会增加飞艇不稳定性，给控制系统带来额外负担，甚至导致飞艇运动失控。

# 第 9 章 地面保障与试验

## 9.1 地面保障

**1. 地面保障设施 (ground support facility)**

为平流层飞艇提供停放、装配、维修、测试和工作保障等服务的设施。

**2. 艇库 (hangar)**

也称总装测试厂房，是指为飞艇提供足够的室内空间和可控基本环境，进行停放、装配、调试和维修的建筑物。由于平流层飞艇体积巨大，受地面风影响大，艇库对于飞艇的总装测试至关重要。大型艇库通常采用大跨度空间结构，也可根据任务需要采用钢结构与膜结构结合的骨架式结构。

**3. 系留塔 (mooring tower)**

飞艇地面停泊或转运时，用于约束飞艇头部的塔状或杆状刚性结构。根据任务需要，系留塔可固定安装在地面或安装在转运放飞平台。

**4. 系留锁 (nose latch)**

安装在系留塔顶部，用于锁住飞艇头锥的机械结构。

**5. 转动放飞平台 (transport platform)**

在执行飞行任务时对平流层飞艇进行固定，并将其从艇库移动至放飞场实施安全释放的平台。

**6. 放飞场 (take-off field)**

保障平流层飞艇飞行试验、使用过程中放飞的场地。

**7. 返回场 (landing field)**

保障平流层飞艇飞行试验、使用过程中返回的场地。

**8. 试验指挥系统 (test command system)**

为平流层飞艇飞行试验提供全面指挥调度的系统。

**9. 氦气保障系统 (helium support system)**

为充氦飞艇提供氦气储存、充装、回收提纯和机动运输的系统。

**10. 地面遥测遥控系统 (ground system for remote control and telemetry)**

在飞艇全试验区内完成控制指令上传、测量数据接收的系统。

**11. 地面外测系统 (ground system for external tracking and measuring)**

在试验过程中提供飞艇平台位置、轨迹的外部测量系统。

**12. 气象保障 (meteorological support)**

为平流层飞艇飞行试验提供试验气象窗口预测、常规气象预报、风场监测和地面气象监测等,用于保障平流层飞艇飞行试验各阶段的气象要求。

**13. 空管保障 (aerial management support)**

为平流层飞艇飞行试验提供计划试验空域和应急决策空域保障。

**14. 应急保障 (emergency support)**

飞行试验出现非预期状况时,开展搜寻、设备人员输送等工作的保障措施、人员及设备。

**15. 勤务保障 (logistics support)**

为平流层飞艇飞行试验提供油料、供水、供电和通勤等保障。

## 9.2 试验与运行

**1. 地面展开 (ground deployment)**

平流层飞艇各组成单元进入试验场地后安放展开的过程,有时特别指主囊体在试验场内展开。

**2. 充气组装 (inflation and assembly)**

为飞艇囊体充气并安装结构部件、仪器设备的过程。

**3. 总装测试 (system assembly test)**

也称系统集成测试,是指按照平流层飞艇出厂状态,将各分系统组合装配成完整系统,并进行全系统测试的过程。

**4. 转运出库 (outbound transport)**

已完成放飞前全部准备,处于待飞状态的平流层飞艇由总装测试厂房牵引至放飞场的过程。

**5. 系统撤收 (deflation and disassemble)**

将平流层飞艇囊体内的浮升气体释放或回收,并拆收各结构部件、设备装置的过程。

**6. 转运入库 (inbound transport)**

将着陆后的平流层飞艇及可回收的其他部件,由返回场牵引至总装测试厂房的过程。

**7. 氦气回收 (helium recovery)**

将平流层飞艇囊体中的氦气抽出、压缩、净化并重新储存到容器内的操作过程。

**8. 氦气纯化 (helium purification)**

提升氦气纯度的操作过程，在平流层飞艇任务中特指对回收的氦气进行纯化处理以实现氦气循环使用。

# 第 10 章 有 效 载 荷

## 10.1 载 荷 类 型

**1. 预警探测 (early warning detection)**

通过一系列传感、遥控探测手段，发现、定位和识别陆、海、空、天目标，确认其具体威胁对象，监视其当前行动路线，预测其未来运动方向，发出警报信号，为抗击或打击提供相应情报和反应时间保证的技术，是重要的战场态势实时信息源。

**2. 通信中继 (communication relay)**

搭载在平流层飞艇上，实现地面无法直接通信站点之间信号的接力转发的通信技术。

**3. 对地观测 (earth observing)**

依托高空平台 (如平流层飞艇、卫星等) 搭载的观测载荷，利用可见光、红外、高光谱、微波等探测手段，对地球环境和人类活动进行探测的技术。

**4. 可见光相机 (visible light camera)**

用光学方法远距离测量目标反射或辐射的可见光能量，以获取目标特性的相机。

**5. 合成孔径雷达 (synthetic aperture radar，SAR)**

利用雷达和目标相对运动产生的多普勒效应，采用信号处理的方法把尺寸较小的真实天线孔径合成为超长等效天线孔径的成像雷达装置。

**6. 测绘相机 (mapping camera)**

内方位元素已知、稳定和可复现的、专门拍摄供摄影测量和制图用相片或图像的遥感相机。

## 10.2  载 荷 参 数

**1. 视场角 (field of view，FOV)**

又称视场，在光学系统 (相机) 中，指入瞳中心与入射窗边缘连线所构成的立体角。

**2. 地面覆盖范围 (ground coverage)**

在驻空高度上平流层飞艇的艇载遥感器所能观测的地域范围。

**3. 分辨率 (resolution ratio)**

遥感器在空间上、光谱 (或频谱) 上和时相上区分临近的两个遥感信号或目标的能力的度量。

**4. 幅宽 (swath width)**

在垂直于遥感器飞行地面轨迹的方向上，遥感器通过所观测的总平面视场角或总线性地面宽度。

**5. 像幅 (frame of image)**

相机成像面积的大小，通常指像场的内接四边形。

**6. 绝对辐射定标 (absolute radiometric calibration)**

确定遥感器输出信号与输入的辐射量之间，或者与目标景物的特性参量 (如温度、反射率等) 之间的比例关系的方法或过程。

**7. 相对辐射定标 (relative radiometric calibration)**

确定景物中各像元之间或各探测器之间、各光谱段之间或不同时间测得的辐射量之间比例关系的方法或过程。

**8. 原始数据 (raw data)**

地面站接收到的未经任何处理的遥感器下传数据，主要由遥感数据和辅助数据组成。

**9. 图像数据 (image data)**

由遥感器获取的含有被测景物图像信息的数据。

**10. 辅助数据 (auxiliary data)**

用于定量表示获取遥感数据时遥感器的时间、工作高度、环境参数和工作参数等的数据。

**11. 图像定位精度 (image positioning accuracy)**

遥感图像经几何校正处理后，从图像上测定的某个参考目标的坐标位置与其实际位置之间的偏差。

**12. 图像处理 (image processing)**

对影像和图像数据进行的所有操作。包括图像压缩、图像恢复、图像增强、预处理、量化、空间滤波和图像图形识别等。

**13. 图像预处理 (image preprocessing)**

遥感图像在提供用户应用或分析之前需进行的基本处理。主要包括辐射度校正、几何校正和图像配准等。

**14. 图像预处理等级 (image preprocessing level)**

按预定等级的图像产品质量标准，对原始图像数据进行的不同预处理的等级划分。

**15. 几何畸变 (geometric distortion)**

遥感图像的几何图形与目标在所选定投影中几何图形的差异。

**16. 辐射度畸变 (radiometric distortion)**

遥感器所获图像的灰度与地物的辐射度分布不完全对应的畸变。

**17. 系统畸变 (system distortion)**

遥感图像中各像元的几何关系和辐射度关系呈系统性变化，且可整体修正的一种畸变。

**18. 几何校正 (geometric correction)**

对遥感图像的几何畸变所进行的校正。

**19. 辐射度校正 (radiometric correction)**

对遥感图像的辐射度畸变所进行的校正。

**20. 系统校正 (system correction)**

利用已知或实测的工程参数、大气参数和图像辅助数据，对遥感图像数据中的系统畸变和系统偏差进行的校正。

# 参 考 文 献

陈芳允. 1992. 卫星测控手册. 北京: 科学出版社.

邓忠民. 2015. 飞行器复合材料结构设计基础. 北京: 北京航空航天大学出版社.

丁玉龙, 来小康, 陈海生. 2019. 储能技术及应用. 北京: 化学工业出版社.

古彪. 2016. 世界特种飞行器及应用. 北京: 航空工业出版社.

洪延姬, 金星, 李小将, 等. 2012. 临近空间飞行器技术. 北京: 国防工业出版社.

侯中喜, 杨希祥, 乔凯, 等. 2019. 平流层飞艇技术. 北京: 科学出版社.

鞠平, 吴峰, 金宇清. 2016. 可再生能源发电系统的建模与控制. 北京: 科学出版社.

李崇银, 李琳, 谭言科, 等. 2008. 平流层气候. 北京: 气象出版社.

刘虎, 罗明强, 孙康文. 2019. 飞机总体设计. 北京: 北京航空航天大学出版社.

刘嘉兴. 2011. 飞行器测控与信息传输技术. 北京: 国防工业出版社.

刘沛清. 2006. 空气螺旋桨理论及其应用. 北京: 北京航空航天大学出版社.

刘勇智, 吕永健, 范冰洁, 等. 2020. 航空电机学. 北京: 国防工业出版社.

罗世彬, 李珺, 廖俊, 等. 2019. 灵巧浮空器系统. 北京: 科学出版社.

沈桐立. 2015. 数值天气预报. 2 版. 北京: 气象出版社.

寿绍文. 2015. 天气学. 北京: 气象出版社.

吴森堂. 2013. 飞行控制系统. 2 版. 北京: 北京航空航天大学出版社.

徐忠新. 2017. 平流层预警探测飞艇. 北京: 国防工业出版社.

杨毅, 张飞民, 王澄海. 2020. 数值天气预报基础. 北京: 气象出版社.

郑伟, 杨跃能. 2016. 飞艇飞行力学与控制. 北京: 科学出版社.

祝小平. 2007. 无人机设计手册. 北京: 国防工业出版社.

《飞机设计手册》总编委会. 2002. 飞机设计手册第 6 册: 气动设计. 北京: 航空工业出版社.

Andrea D. 2016. 大规模锂离子电池管理系统. 李建林, 李蓓, 房凯, 等译. 北京: 机械工业出版社.

Burgess C P. 2019. 飞艇设计技术. 王晓亮, 译. 上海: 上海交通大学出版社.

Grant B G. 2020. 无人机成像系统入门——辐射测量指南. 鲁亚飞, 邓小龙, 贾高伟, 等译. 北京: 国防工业出版社.

Khoury G A. 2018. Airship Technology. New York: Cambridge University Press.

Markvart T, Castaner L. 2009. 太阳电池: 材料、制备工艺及检测. 梁骏吾, 等译. 北京: 机械工业出版社.

Mohanakumar K. 2019. 平流层与对流层相互作用引论. 郭栋译. 北京: 电子工业出版社.

Yajima N, Izutsu N, Imamura T, Abe T. 2009. Scientific Balloon. London: Springer.

# 索　引